国家出版基金项目
NATIONAL PUBLICATION FOUNDATION

黃河流域水利碑刻集成

河南卷 一

總　主　編　趙超　行龍

執行總主編　駱玉安

本卷主編　余扶危

本卷執行主編　王雲紅

上海交通大學出版社
SHANGHAI JIAO TONG UNIVERSITY PRESS

圖書在版編目（CIP）數據

黄河流域水利碑刻集成．河南卷 / 趙超，行龍總主編；余扶危本卷主編．—上海：上海交通大學出版社，2021.12

ISBN 978-7-313-26187-8

Ⅰ．①黄… Ⅱ．①趙… ②行… ③余… Ⅲ．①黄河—水利史—史料—河南②碑刻—彙編—河南Ⅳ．① TV882.1 ② K877.42

中國版本圖書館 CIP 資料核字（2021）第 270456 號

黄河流域水利碑刻集成·河南卷

總 主 編：趙 超 行 龍		執行總主編：駱玉安	
本卷主編：余扶危		本卷執行主編：王雲紅	
出版發行 上海交通大學出版社		地 址：上海市番禺路 951 號	
郵政編碼：200030		電 話：021-64071208	
印 製：上海盛通時代印刷有限公司		經 銷：全國新華書店	
開 本：787mm×1092mm 1/8		印 張：232.5	
字 數：1484 千字			
版 次：2021 年 12 月第 1 版		印 次：2021 年 12 月第 1 次印刷	
書 號：ISBN 978-7-313-26187-8			
定 價：1280.00 元（全六册）			

總　序

一

黄河，古稱"河""大河"，宛如一條巨龍，横亘在中華大地的北方，自青藏高原巴顏喀拉山脉北麓的卡日曲發源，呈"几"字形，曲折流經青海、四川、甘肅、寧夏、内蒙古、陕西、山西、河南及山東九省（自治區），最後注入渤海。按幹流長度計算，黄河全長5464公里，是我國第二長河流，也是世界第五大長河。除幹流外，黄河還有白河、黑河、洮河、湟水、祖厲河、清水河、大黑河、無定河、涇河、渭河、汾河、洛河、沁河、大汶河等主要支流。

黄河擁有衆多的支流，流域總面積約75.2萬平方公里。習慣上，人們把黄河流經省區所影響的地理生態區域稱爲黄河流域。黄河流域位于東經96°～119°、北緯32°～42°之間，東西長約1900公里，南北寬約1100公里。1986年以後，修訂黄河治理開發規劃期間，決定將黄河流域範圍内的内流區面積4.2萬平方公里計入，黄河流域面積修訂爲79.5萬平方公里。《中國河湖大典》將黄河流域面積統計爲81.34萬平方公里，包括鄂爾多斯内流區4.65萬平方公里和沙珠玉河流域0.83萬平方公里。本叢書所取的黄河流域區域範圍，采用較爲廣義的視角，即剔除明確屬于其他大河流域的區域，將黄河流經九省區内影響範圍所及的地區儘量包括在内。本叢書將九省區内有關黄河水利文化的碑刻儘量全面搜集整理，以反映這片古老土地上有關水利文化的歷史狀況。

黄河流域是中華文化的重要起源地，滔滔黄河水滋養了流域的廣大人民，孕育了燦爛輝煌的中華文明。早在石器時代，我們的先民就已經開始在黄河流域從事生産和生活。根據田野發現的古人類資料，藍田人最晚在五六十萬年前就生活于今天陕西藍田縣的公王嶺一帶；大荔人二十萬年以前生活在陕西省大荔縣甜水溝附近；丁村人十多萬年前生活在山西省襄汾縣城南的汾河河谷地帶；許家窑人約十萬年以前生活在山西陽高縣許家窑村東南地區；河套人四五萬年前生活在内蒙古鄂爾多斯高原南端的薩拉烏蘇河河岸。考古調查發現，從青海的湟水流域到山東的大汶河兩岸，分布有數以百計的古人類遺址，如馬家窑遺址、齊家坪遺址、丁村遺址、半坡遺址、藍田遺址、仰韶遺址、龍山遺址等，充分展示了遠古時代先民們的歷史足迹。

距今約7000年至5000年，黄河中游地區出現了一種重要的新石器時代彩陶文化——仰韶文化。仰韶文化1921年首次在河南省三門峽市澠池縣仰韶村發現，故名。仰韶文化分布在整個黄河中游地區，今天的甘肅省至河南省之間均有遺址發現。黄河中游地區的西安半坡村曾發掘出黄河流域規模最大、保存最完整的原始社會母系氏族村落遺址，距今6000年左右，被定名爲仰韶類型的半坡文化。河南鞏義雙槐樹遺址是黄河流域迄今爲止發現的在仰韶文化中晚期規格最高且具有都邑性質的中心聚落，距今 4500 年至 4000 年。在黄河中下游的陝西、山西、河南、山東等省，還分布着以黑陶爲主要特徵的文化遺存——新石器時期龍山文化。黄河中游的河洛地區還發現了距今 4300 年左右的龍山文化時期陶寺遺址，以及距今 3800 年左右的被稱爲"夏墟"的二里頭文化遺址。

黄河流域的中部地區很早就成爲華夏先民活動的核心地區。綿延至今的"中國"一詞最早見于西周初年的青銅器"何尊"銘文，上稱："唯武王既克大邑商，則廷告于天，曰：'余其宅兹中國，自之乂民。'"這裏銘文中的"中國"即指成周，位于今洛陽地區。有學者認爲，古代的"中國"是當時最高統治者居住的地方。華夏民族形成之初，由于受天文地理知識的限制，總是把自己活動的核心區域視爲"天下之中""中央之城"，即"中國"。在商朝時，"大邑商"，即商王所居的都城就是"中國"。從周初開始，以黄河流域爲中心的華夏地區才開始被稱爲"中國"。黄河中游黄河與洛水相交匯的河洛地區成爲"最早的中國"，五帝時代，夏、商、周主幹王朝的中心區域均在此處。司馬遷在《史記·封禪書》中說："昔三代之君，皆在河洛之間。"這裏是先秦乃至唐宋時期中國經濟文化的領先地區。

黄河流域是較早出現農事活動的地區。新石器時期，這裏就逐漸産生了大量農業聚落，并形成了衆多血緣氏族部落。根據古代文獻中的記載，這些大型部落中，以炎帝、黄帝兩大部族最爲强大，發展成强大的氏族部落聯盟。後來，黄帝取得盟主地位，"監于萬國"，"時播百穀草木"，并融合其他部族，以後歷傳帝嚳、堯、舜、禹等代，綿延發展，形成"華夏族"，繁育出遍及中華大地的華夏子孫。因此，說黄河是中華文明的搖籃，是中華民族的母親河，恰如其分。

長期以來，黄河流域經濟發達、人口衆多、城市鱗次櫛比。這裏成爲中華文明最先繁榮起來的地方，黄河功不可没。黄河爲人們提供了豐富的水資源，其携帶的泥沙，在中下游淤積成萬里沃野，提供了發展農業最好的養分。黄河水道爲人們的水上交通提供了方便，使手工業與商貿得以發展，兩岸城鎮星羅棋布。在我國 5000 多年的文明史中，黄河流域有 3000 多年是全國政治、經濟、文化的中心，建設起西安、洛陽、安陽、鄭州、開封等古都，孕育了河湟文化、關中文化、河洛文化、齊魯文化等豐富多彩的地域文化。黄河流域的早期文化既經歷了自身長期的發展演變，又充分吸收了周圍地帶的文化精華，最終成爲中華文明源頭的主流。總之，黄河文明是中華文明最具影響力的主體部分之一，是中華民族堅定文化自信、凝聚民族共識、强化國家認同的重要根基。

華夏文明是典型的大河文明，也是黄土文明、農業文明。水是農業社會的核心資源，水利資源在人們的日常生活和農業生産中均有着舉足輕重的地位。水利是農業的命脉，尤其是在傳統農業社會，其不僅關係到農業生産，更關乎社會穩定和國家興衰。早在大約公元前 2600 年至公元前 2100 年間的龍山文化時期，黄河中下游平原出現的早期城邑中，人們已經掌握了較爲成熟的水利技術，在城內挖掘水井以供居民生活，在城外開鑿濠溝以便排水與防護。相傳在 4000 多年前，黄河流域洪水肆虐爲患，舜帝派大禹治理洪水。大禹一去 13 年，三過家門而不入，采用改"堵"爲"疏"的辦法，最終戰勝了洪水。大禹也因治水有功，衆望所歸而繼承帝位，從而建立了夏朝。有關洪水和大禹治水較爲完整的記述見于《尚書》《國語》《孟子》《淮南子》《史記》《漢書》等文獻。近年來大量的考古發現和地質學調查也多證實，洪水是真實發生過的重大歷史事件，大禹治水并非虚構的故事。當時大禹治理的主要對象就是黄河。據說他開鑿龍門，使黄河水南到華陰，東下砥柱、孟津。鑒于黄河流經中下游地區時水流湍急，泛濫成災，禹又開鑿了兩條河流，分其水勢，還在下游疏浚了多條河道，疏導黄河水東流入海。水患平息後，人們紛紛從高地搬回平原，大禹又帶領人們開鑿河渠，引水灌溉，發展農業，使黄河兩岸成爲華夏先民生息繁衍的沃土。大禹治水的精神代表了幾千年來中華民族艱苦奮鬥、發憤圖強的民族精神。

由于黃河流域有着歷史悠久的農業生產基礎,我國最早的水利灌溉工程也出現在此。《詩經‧白華》記載"滮池北流，浸彼稻田"，描述了西周時期公侯稻田利用灌溉設施的情景。戰國時期，西門豹爲鄴令，曾在黃河支流漳河開掘 12 渠，引漳水灌溉農田。西門渠使鄴地漳河兩岸人民安居樂業，西門豹受到了當地民衆的世代紀念，今天河南安陽市安陽縣安豐鄉北豐村仍存有西門豹祠。秦國在關中地區興修鄭國渠，該灌溉工程由韓國水工鄭國主持，西引涇水，東注洛水，長 300 餘里。工成以後，由于地勢西北高、東南低，形成自流灌溉系統，澆灌農田四萬餘頃。秦以後，歷代繼續在這裏完善水利設施，先後開挖了漢代的白公渠、唐代的三白渠、宋代的豐利渠、元代的王御史渠、明代的廣惠渠和通濟渠、清代的龍洞渠、民國時期的涇惠渠等，爲關中地區農業發展發揮了難以估量的作用。

在中原地區，魏惠王下令開鑿鴻溝，西起滎陽，引黃河水爲源，向東流經中牟、開封，折而南下，入潁河通淮河，把黃河與淮河之間的濟、濮、汴、濉、潁、渦、汝、泗、菏等主要河道連接了起來。鴻溝是引黃灌溉的重要水利工程,對當時各諸侯國及後世興建水利設施產生了深遠影響。之後，黃河兩岸人民在湟水流域、河套平原、渭河流域、汾河流域、伊洛盆地、沁河流域、汴河流域等地陸續修建大量水利工程，爲農業發展與社會穩定奠定了長期有效且穩固的堅實基礎。

漢武帝元鼎六年（公元前 111 年），左內史倪寬主持修建關中六輔渠，澆灌鄭國渠上游北面地勢較高的農田。爲了使有限的水源得到充分利用，發揮最大的灌溉效用，倪寬主持制訂了用水法規，"定水令以廣灌田"，規定上下游、領地之間一律按照水令用水，從而上下相安。該"水令"是我國最早見于文獻記載的水利法令，在中國農田水利管理史上具有重要意義。秦漢以來，歷代統治者都把對黃河及其流域內河流的治理與水利灌溉作爲重大政事加以管理，正因爲水利是農業的命脉，也就是國家的命脉。

黃河在中國古代的禮儀制度與神靈崇拜中也占有重要的位置。古人把有獨立源頭，并能入海的河流稱爲"瀆"。《爾雅‧釋水》説"江、河、淮、濟爲四瀆。四瀆者，發源注海者也"，就是説，長江、黃河、淮河、濟水被奉爲"四瀆"的原因是它們均注入大海。《漢書‧溝洫志》則指出"中國川原以百數，莫著于四瀆，而河爲宗"，把黃河視爲"四瀆之宗"。從西周時期開始，四瀆神就已作爲河川神的代表，由最高統治者定期進行祭祀。《禮記‧祭法》云："天子祭天下名山大川，五嶽視三公，四瀆視諸侯。諸侯祭名山大川之在其地者。"官府在全國各地修廟祭祀，據《風俗通義‧山澤》記載，祭祀河神的廟在河南滎陽縣，河堤謁者掌四瀆，禮祠與五嶽同。儘管"四瀆"之説及其祭祀制度出現較早,不過直到漢宣帝時期才逐漸成爲常禮。據《漢書‧郊祀志》記載，"河于臨晉，江于江都，淮于平氏，濟于臨邑界中，皆使者持節侍祠"，"祈爲天下豐年焉"。之後，唐、宋、元三代朝廷屢次加封四瀆名號。唐天寶六年（747 年），詔封河瀆爲"靈源公"，濟瀆爲"清源公"；北宋康定元年（1040 年），詔封河瀆爲"顯聖靈源王"，濟瀆爲"清源王"；元至元二十八年（1291 年），加封河瀆爲"靈源弘濟王"，濟瀆爲"清源善濟王"。民間各地更是把河神、龍王，乃至治河有功的先民作爲崇拜對象，建廟塑像，祭祀祈禱，使之成爲古人意識形態中一個重要的組成部分。

黃河寧，天下平。黃河自古多洪泛。早在上古時期，黃土高原就已經千溝萬壑，黃河水携帶大量泥沙滔滔不絕東流入海。一方面，黃河在中下游造就了廣闊而肥沃的冲積平原，爲我們中華先民提供了優越的生存和發展環境；另一方面，黃河周期性的泛濫，"善淤、善決、善徙"，頻繁決溢改道，給中華民族，尤其是黃河中下游地區人民帶來了深重災難。歷史上，黃河流域內的經濟社會興衰與水利事業、黃河治亂始終關係密切。據有關資料統計，自公元前 602 年至 1938 年花園口決堤的 2500 多年間，黃河洪水肆虐、決口泛濫年數有 543 年之多。1949 年以前有歷史記載的黃河中下游決口泛濫有 1500 餘次，重大改道 9 次，較大改道 20 多次，水災波及範圍北達天津，南及江淮，縱橫區域 25 萬平方公里。"三年兩決口，百年一次大改道"，母親河長期以來成了"中華之憂患"。黃河的決口改道不僅僅是自然因素造成的，歷史上也多次出現人為因素造成的決堤，甚至多次出現以水代兵的荒唐現象。每次黃河決口改道，都給人民生命財產帶來了巨大的損失。由于地理、氣象關係，黃河流域的旱災也非常嚴重，僅清代 276 年中，就發生旱災 201 次。與洪澇災害做鬥爭，成了黃河流域大地上人民的頭等大事。

在這片充滿機遇與危難的土地上，先民們始終在與自然拼搏，興修水利，建設家園。從大禹治水開始，歷朝歷代與黃河做鬥爭，積累了豐富的治理經驗。東漢明帝永平十三年（公元 70 年），王景主持治河，築堤 1000 多里，并修復汴渠，使河、汴分流，以後黃河 900 多年未有大的改道。北宋熙寧年間（1068—1077 年），在興修灌渠的同時，引黃、汴、滹沱等河泥沙放淤肥田，并引山溪洪水淤灌，僅開封附近放淤面積就有 5800 多頃，成為中國古代歷史上最大的一次引濁放淤。明代潘季馴主持河務，創造性地提出了"以堤束水，以水攻沙"的治河思想，大修堤防，固定管道，取得了黃河治理與開發的巨大成功，對近代的黃河治理產生了深遠的影響。億萬黃河子孫，世代勞作開墾，不僅在此開辟了廣闊的田園，建立了繁華的都市，而且創造出以甲骨金文開啟，以詩書禮樂為榮的中華文化，也就是燦爛奪目的黃河文化。

二

黃河文化的核心和重點之一是黃河水利史和水利文化。中國水利史研究由來已久，資料豐富，著述浩繁。據水利史研究專家姚漢源先生估計，傳統水利史專著有二三百種，粗略估計不下 3000 萬字，史籍及地方志中的資料粗估也有一兩千萬字，加上文集和其他文獻資料，總共在 5000 萬字以上，若再加上近現代的檔案等資料，字數恐怕要以億計。不過，長期以來，中國水利史研究并沒有跳出以水利工程和技術為主的"治水"框架，技術因素牢牢地占據主導地位。古代國家控制以水利灌溉工程為中心的基本經濟區，有利于增加經濟供應來源，強化政權統治。美國學者魏特夫（Karl A.Wittfogel）早在 1957 年就提出了"治水社會"理論，認為對水資源進行季節性調控的大型水利工程建設以及組織管理等是制度化統領權力產生的基礎，從而也就為專制主義的滋生提供了溫床。[1]

研究水利對于理解與認識中國社會，有着至關重要的意義。21 世紀以來，隨着社會史研究的繁榮與深入，水利社會史作為社會史的一個分支學科和熱門領域，出現了從"治水社會"到"水利社會"範式的轉變。1998 年，法國遠東學院藍克利教授和北京師範大學董曉萍教授牽頭中法國際合作專案"華北水資源與社會組織"，聯合民俗學、地理學、考古學、水利學和金石文字等學科的學者，歷時四年，先後完成了《陝山地區水資源與民間社會調查資料集》四部專集，將陝西關

---

[1] Karl A.Wittfogel, *Oriental Despotism: A Comparative Study of Total Power*, New Haven: Yale University Press, 1957。中譯本見魏特夫著，徐式谷等譯：《東方專制主義：對于極權力量的比較研究》，中國社會科學出版社 1989 年版。

中東部和山西西南部的旱作灌溉農業區六個縣域水資源，放在一定的歷史地理和社會環境中加以考察，旨在探討廣大村民的用水觀念、分配和共用水資源的群體行爲、村社水利組織和民間公益事業，在此基礎上研究華北基層社會史。之後，水利社會史的研究受到學界的日益關注，逐漸繁榮，持續至今。有關"水利社會"的概念，北京大學王銘銘率先指出，"水利社會"是以水利爲中心延伸出來的區域性社會關係體系，并認爲開展水利社會類型多樣性的比較研究，"將有助於吾人透視中國社會結構的特質，并由此對這一特質的現實影響加以把握"[1]。山西大學行龍進一步指出，21世紀以來，隨着東西方兩大陣營由敵對轉化爲交流，由對抗轉化爲對話，傳統的政治史、軍事史、外交史轉換爲經濟史、社會史、文化史，"治水社會"轉換爲"水利社會"也就水到渠成，從治水社會轉換到水利社會，進入我們視野的是一片廣闊無垠的學術領域。[2]他還認爲，通過水利這一農業社會最主要的紐帶，可以加深對中國社會組織、結構、制度、文化變遷等方面的理解。[3]

從水的議題入手研究中國社會變遷的水利社會史，近年來已經成爲學界的一個熱點角度。黨的十八大以來，以習近平同志爲核心的黨中央高度重視黃河流域生態保護和發展。習近平總書記親自調研考察、謀劃部署，發表了一系列重要論述，爲黃河流域生態保護和高品質發展指明了方向，形成了黃河國家戰略。習近平總書記指出：黃河文化是中華文明的重要組成部分，是中華民族的根和魂。要推進黃河文化遺產的系統保護，深入挖掘黃河文化蘊含的時代價值，講好"黃河故事"，延續歷史文脉，堅定文化自信，爲實現中華民族偉大復興的中國夢凝聚精神力量，要努力讓黃河成爲造福人民的幸福河。

黃河流域既以其豐富的自然資源爲中華民族，尤其是爲沿黃地區經濟社會永續發展提供了物質基礎，又以其豐富的歷史資源和文化資源孕育、潤澤了中華文明。山西、陝西、河南等黃河流域地區，由於水利文獻，尤其是水利碑刻文獻較爲集中，已經成爲華北水利社會史研究的重點地區。在有關研究中，可以看到：傳統文本的敘事模式并不足以生動地反映出黃河流域內的"微觀"史實，相比之下，廣泛分布在民間的關乎水利的碑刻資料數量豐富，存世亦頗豐，在還原流域內的歷史現場方面具有很高的學術價值。古代碑刻是與契約文書同等重要的文化史料，諸多碑文記錄的内容源自民間具體水利事務，涉及民間組織、水利設施修建、歷史灾害、有關水利的民間宗教崇拜等實錄，多數是傳世文獻中沒有記載的原始資料，可以彌補文獻上的缺憾。對碑刻資料進行全面的調查、收集和系統的整理研究，可以糾正和彌補我們在某些具體問題的研究和論述上出現的偏差甚至失誤，以前未被學者關注的問題也將隨着這些新問世的碑刻資料浮出水面，并在一定程度上得到關注。黃河流域遺存的碑刻數量之多，是其他地區無法相比的。林林總總、數不勝數的碑刻反映了中華民族的生存和發展，豐富了古老璀璨的黃河文化，融注了歷代勞動者杰出的科學才能和聰穎的文化稟賦。有鑒于此，我們編集《黃河流域水利碑刻集成》一書，以黃河流域九省區遺存水利碑刻爲研究對象，在已有碑刻文獻基礎上，廣泛搜集民間現存的歷代碑刻資料，并分別從碑刻搜集、拓片、錄文、校訂、注釋等方面進行輯釋甄別，爲講好"黃河故事"，延續歷史文脉，堅定文化自信等當前重大課題提供更翔實的歷史資料。

[1] 王銘銘：《"水利社會"的類型》，《讀書》2004年第11期。
[2] 行龍：《從"治水社會"到"水利社會"》，《讀書》2005年第8期。
[3] 行龍：《"水利社會史"探源——兼論以水爲中心的山西社會》，《山西大學學報（哲學社會科學版）》2008年第1期。

"碑"在先秦時期就已經出現，原指下葬時用來牽引棺椁的木樁，也就是後來所説的轆轤，繩子纏繞在上面，用來把棺椁放到墓坑裏面。早期"碑"多爲木質，後來才出現石質的。漢代以降，人們把死者的姓名、生平或功績刻寫在碑上，才出現了後世所謂的碑刻。廣義的碑刻是指所有能够承載資訊、傳遞情感、表達思想的石質載體材料，實際上應該稱爲"石刻"，包括文字石刻、藝術石刻與建築石刻等多個組成部分。傳統的碑刻主要是指文字石刻，包括各類碑、摩崖、墓志、經版、買地券、鎮墓券、鎮墓石等。出于研究資料難得，我們也將一些能够反映黄河文化，并有特殊含義的畫像磚、畫像石、河圖石刻、地圖石刻等材料收錄于本書。

將文字或圖案銘刻于金石材質之上以傳世，這種現象存在于世界各大文明。相較而言，中國有着獨立而又發達的金石紀事的文化傳統。古人相信"金石永年"，《墨子·兼愛下》裏就有："以其所書於竹帛，鏤於金石，琢於盤盂，傳遺後世子孫者知之。"人們把文字或圖案刻在石頭上，期待其能傳至後世。這種刻有文字或圖案的石頭就是碑刻。

碑刻在我國有悠久的歷史，殷周時期便有人在石質器物上銘刻文字。20世紀30年代，河南安陽殷墟遺址侯家莊1003號殷人墓道曾出土一件殘損的石簋，在其耳部發現刻有12個細小的文字，距今已有3200年以上，這是目前發現的最早的文字石刻之一。[1]1976年殷墟婦好墓的發掘中，也出土一件小型石磬，上面刻有"妊冉入石"四個字，大意是説名爲妊冉的人或妊冉族進獻了該石磬。[2]現存商周至秦代之前的文字石刻，還有秦國的"石鼓文""詛楚文"，以及中山國的"守丘刻石"等，寥寥可數。初唐時期，人們曾發現被認爲是戰國時秦國的十枚石鼓，其上各刻有四言詩一首，其文字書體與西周銅器上的銘文相似，造型獨特，粗獷雄渾。中唐時期的著名詩人韋應物、韓愈曾分別作《石鼓歌》加以頌揚，使其名聲大噪。北宋時期，石鼓被收入宮室。宋亡，石鼓歷經流轉，竟奇迹般地留存下來，目前存放在北京故宫博物院的展廳之内。自從唐代開始，學者們一般認爲石鼓是西周宣王出游的紀念物，乃是宣王獵碣，其文爲籀書。通過歷代學者的不斷研究考證，一致認爲石鼓應是秦國的石刻。秦國處于東西交通的要地，秦人相比其他諸侯國民更早利用石刻，當是受到了西北草原文化乃至中亞、西亞等古國文化的影響。石鼓文的出現，標志着中國專門的紀念性石刻的産生，可以説開創了中國碑刻發展的歷史。

秦始皇統一中國後，在巡行各地時，曾多次刻石稱頌自己的功績，據《史記》所載共有七處，分別是"嶧山""泰山""琅琊""之罘""東觀""碣石""會稽"刻石。這些刻石均由秦相李斯書丹，爲統一六國後所宣導的小篆，有書同文的意義。西漢石刻發現較少，東漢則是石刻的繁榮時期，石刻在形式和内容上都有發展，出現畫像石、碑、闕、摩崖、黄腸題記等。許慎《説文解字》中稱"碑，豎石也"，這就表明在東漢的時候，碑的材質已經是石頭，形制爲豎式了。魏晋時期，針對厚葬習俗和私家立碑的盛行，實行了"禁碑"政策，下令不得厚葬，又禁立碑。由于嚴禁在墓前立碑，人們被迫將碑的形制縮小放入墓中，從而催生了墓志銘的盛行。隋唐以後，刻石之風再次盛行，直至當代，凡歌功頌德，欲永久紀念之事，仍多有刻石之舉，石刻文獻遍布全國。除墓碑石刻外，歷朝歷代還刻立了大量紀事、頌功、獎約、規約、告示、題記、詩文等内容的碑石，使之成爲社會廣泛應用的實用銘刻，記録了大量傳世文獻缺載的歷史資料。

[1]　高去尋：《小臣（系）石簋的殘片與銘文》，《"中研院"歷史語言研究所集刊》第28本下册，1957年，第605頁。
[2]　中國社會科學院考古所：《殷墟婦好墓》，文物出版社1980年版，第198—199頁。

在中華文明發展的 5000 多年中，人們的足迹遍布整個黄河流域，與黄河發生了無數的關聯，也留下了無數的見證。其中，黄河水利碑刻既是先民與黄河交往的實物材料，又是重要的金石文獻，被稱爲"黄河石頭書"。數千年來，黄河流域的人們把黄河水患、水信仰、灾害治理、修渠浚河、挖井架橋、分水規則、争水訴訟等重要的事情刊刻在石碑上，形成了數量繁多、分布廣泛、内容豐富的水利碑刻。這些碑刻是我們研究黄河流域歷史與文化的"第一手資料"，從不同側面反映了歷史上黄河及其支流的河道、水情、灾害、治理以及交通、航運、水政等方面的内容，勾勒出一幅幅生動的黄河文化圖景。

黄河水利銘刻的起源歷史悠久。殷墟甲骨卜辭中就有"求年于河""燎于河"等記載，這裏的"河"即指黄河。[1] 商人活動于黄河中下游兩岸，所以要向黄河河神祈求一年農業的豐收。這應該是發現最早有關黄河水利的刻劃文字。不過，這些文字是刻劃在龜甲獸骨之上的甲骨文。2002 年春天，北京保利藝術博物館在海外文物市場上偶然發現一件青銅盨，經專家考證，是西周中期遂國的某一代國君"遂公"所鑄的青銅禮器。[2] 該盨内底有 10 行 98 字銘文，其中"天命禹敷土，隨山浚川，乃差地設征"等内容，可以與《尚書》《詩經》等傳世文獻相對照。遂公盨的發現，將大禹治水的文獻記載提早了六七百年，是目前所知年代最早也最詳實的關于大禹治水的可靠文字記録，表明早在 2900 多年前的西周時期，人們就廣泛傳頌大禹的功績，夏爲"三代"之首的觀念已經深入人心。儘管遂公盨銘文并非碑刻，但其無疑是所知最早完整記録黄河水利文化的珍貴文獻。

"金石"一詞，起源甚早。《吕氏春秋·求人篇》記載夏禹"功績銘于金石"，高誘注曰："金，鐘鼎也；石，豐碑也。"相傳大禹曾鑄九鼎并作鐘鼎書，還在南嶽衡山岣嶁峰豎碑記載治水之事。吴玉搢《金石存》指出："（禹王碑或稱岣嶁碑）歷載數千，實未出世。逮宋嘉定中而後，賢良何致得見之，始有摹本。逮明嘉靖中而後，長沙太守潘鎰得宋刻于榛莽中，摹拓始廣。"岣嶁碑長期湮没不見，直到南宋嘉定五年（1212 年）學者何致游南嶽衡山，在當地樵夫的指引下，找到此碑真迹，并臨拓全文，復刻于長沙嶽麓山雲麓峰。明代長沙太守潘鎰于嶽麓山找到此碑，傳拓各地，自此岣嶁碑名聞于世。之後，四川北川、江蘇南京栖霞山、陝西西安碑林、浙江紹興、山東菏澤、河南湯陰羑里城、開封禹王臺等地均有摹刻。該碑碑文共 77 字，文字奇特，形如蝌蚪，非甲骨非鐘鼎，非篆非隷，難以辨識，一般認爲記録的是大禹治水的内容。這裏姑從其説，以見水利碑刻的悠久歷史。

黄河水利碑刻的地理空間分布十分廣泛。從青藏高原到甘川谷地，從河套灌區到"八百里秦川"，從天險禹門到東嶽泰山，從千里黄河大堤到黄河泛區，都有黄河水利碑刻的蹤迹。後世文獻記録的黄河流域水利碑刻頗多，如漢代桑欽撰著、北魏酈道元注《水經注》中涉及黄河的碑刻就有數十通。據《水經注》卷一五《伊水注》載："（伊）闕左壁有石銘云：黄初四年六月二十四日辛巳，大出水，舉高四丈五尺，齊此已下，蓋記水之漲減也。"從這則記載可知，伊闕石銘原刻有"水志"，指明當時大水高峰到達的標綫。這可以説是世界上最早的水志文字記録。可惜的是，這些刻石立于河口水邊，後隨河流淤塞或改道，多被掩埋或被人爲破壞，很少能够留存下來。黄河三門峽崖壁上也有許多漢、魏、晋三代以來的摩崖題刻，大多記録了當地水文和治水工程。20 世紀 50 年代，在修建三門峽水庫時，因進行攔河壩基礎工程建設，漕運遺迹全部被破壞，這些題記除部分重要

[1] 彭邦炯：《甲骨文農業資料考辨與研究》，吉林文史出版社 1997 年版，第 476—480 頁。
[2] 李學勤：《遂公盨與大禹治水傳説》，《中國社會科學院院報》2003 年 1 月 23 日。

者被翻制模型和鑿下保存外，僅匆匆做了拓片，留下一份記錄報告。[1]

宋代以後各代金石學家搜集整理的碑刻著錄，如宋代趙明誠的《金石錄》、元代潘昂霄的《金石例》、明代楊慎之的《金石古文》、清代王昶的《金石萃編》等，均收錄與黃河水利有關的碑刻。遺憾的是，明清以前的碑刻實物已很少見，能留下來的多爲拓片和著錄的文字。現存的黃河流域水利碑刻大多是明清、民國時期刻立的，破損也很嚴重，很多碑版文字已漫漶不清，亟待搶救性發掘、整理與研究。水利碑刻作爲一種獨特的文化載體，是我國歷代水事活動的一種原始記錄。保留了大量有關"水"資訊的水利碑刻，是研究以"水"爲中心的區域社會極其珍貴的一手資料。宋代之前的黃河流域雖是經濟、政治、文化的核心區，但傳世文獻數量相對較少，碑刻損毀嚴重；宋代之後的黃河流域逐漸落伍，文集、方志等數量不及江南地區。欲深入推進黃河流域的研究，除努力挖掘現存文獻資料外，具有較高學術價值的碑刻遺存資料尤其值得重視。

四

本集成收錄的黃河水利碑刻記載了黃河流域歷史上與水利活動有關的人民生產生活。碑額部分多刻有"永垂不朽""流芳百代"等，借金石不朽，希望記載的內容永遠流傳下去。碑文的後半部分或碑陰常常題有人名，有普通百姓，有士紳地主，也有官員，其目的就是宣揚這些人在某些事上的功德。碑文是碑刻的主體，記載了豐富的歷史資料，其內容多與治河、祈雨、修渠、挖井、修橋等有關。爲此，我們根據碑文內容，將黃河水利碑刻大致分爲十類：一爲河臣碑、二爲河圖碑、三爲治水碑、四爲修渠碑、五爲修井池碑、六爲修橋船碑、七爲水訴訟碑、八爲水規碑、九爲荒年碑、十爲水信仰碑。

（一）河臣碑

河臣碑中的"河臣"是指歷代治河有功之人。自古以來，黃河雖然哺育了兩岸的人民，但是因爲河道變遷、河岸侵蝕、泥沙淤積、河堤決口等，給兩岸人民帶來了無窮無盡的痛苦。黃河兩岸人民與黃河做鬥爭的活動由來已久。歷史上，治理水患過程中涌現出許多治河功臣。如主張改堵爲疏，爲治水三過家門而不入的大禹；開鑿引漳十二渠（又稱西門渠），引漳水灌溉鄴田，移風易俗的西門豹；主張疏通河道，裁彎取直，更修堤防，使黃河在之後的800多年裏沒有發生大的災害的王景；還有元代的賈魯，明代的白昂、劉大夏、潘季馴，清代的靳輔、陳潢、郭大昌等，都曾受命治河，成效斐然。近代以來的李儀祉、孔祥榕、薛九齡等，也都曾爲黃河的治理做出過貢獻。尤其是李儀祉，他主張治理黃河要上中下游并重，防洪、航運、灌溉和水電兼顧，改變了幾千年來單純着眼于黃河下游的治水思想，把我國治理黃河的理論和方略向前推進了一大步。

河流對于百姓的重要性不言而喻，治河自然就成了功德無量的事業。這些人因治河有功而永遠被百姓感念，立廟以祀之，立碑以記之。這種記錄河臣功德以讓後人永世不忘的碑刻就是河臣碑，如著名的《岣嶁碑》（也稱《禹王碑》）。雖然《岣嶁碑》并非大禹治水完成後刻立，但畢竟是最早記載華夏先民治水活動的刻石。《岣嶁碑》通過77個似繆篆又似符籙的畫符，體現了古人治河治水的艱辛和矢志不渝的精神，也體現了人們對治水英雄大禹的敬意。

明嘉靖二年（1523年）北郡李夢陽撰寫、開封知府沈光大立石，現存河南開封禹王臺的《禹

[1] 中國社會科學院考古所：《三門峽漕運遺迹》，《中國田野考古報告集》（考古學專刊丁種第八號），科學出版社1959年版，第1—2頁。

廟記碑》也是河臣碑中的代表。碑文記載，李夢陽在游禹王臺時看到黃河的浩蕩與險阻，發出"予于是知王伯之功也"的感嘆；感嘆大禹的功績，"昔者禹之治水也，導川爲陸⋯⋯去巢就廬，而粒而耕，生生至今者，固其功也，所謂萬世記賴者也"，并認爲"微禹吾其魚乎者邪"，于是修葺禹廟，立石以紀念。

又如陝西涇陽李儀祉墓園中民國二十六年（1937年）所立《國民政府命令碑》，碑文記載了陝西省水利局局長、前黃河水利委員會委員長李儀祉去世之後，國民政府褒揚其功德的特令，述其"德器深純，精研水利"，"近年于開渠、修河、導淮、治運等工事尤瘁心力，績效懋著"，并"將生平事迹存備宣付史館，以彰邃學而資矜式"。

（二）河圖碑

刻有水系分布圖的石碑就是河圖碑。河圖碑不僅記載了河臣在河流治理過程中所治理的河道以及所開溝渠分布狀況，還記載了河臣治河的過程及其治河理念。河圖碑不僅給研究歷史上黃河的治理情況提供了資料，而且對現代黃河的治理仍然有借鑒意義。著名的《黃河圖説碑》和《開歸陳汝四郡河圖碑》就是河圖碑中的代表。

以明嘉靖十四年（1535年）所立《黃河圖説碑》爲例。碑文記載，明嘉靖十三年（1534年），黃河決于蘭陽趙皮寨，南流入淮，運道受阻。劉天和總理河道，親自勘查河道數百里，在疏浚黃河、清除運河淤積、修築堤防、加強工程管理等方面提出了一系列的主張。《黃河圖説碑》詳盡刻畫出了黃河、運河、沁河、衛河以及汶河的河道，標明了黃河故道、堤防、決溢、黃運交匯等地理位置。該碑是現存最早的大型黃河水利圖碑，是明代中期黃河圖的典型代表。雖然黃河數次改道，圖中所繪黃河水道流向如今早已不復存在，但此圖仍爲我們研究黃河治理情況留下了寶貴的資料。在圖説的右上、左上、左下角，分別鐫刻了劉天和寫的《國朝黃河凡五入運》《古今治河要略》和《治河意見》三文。《國朝黃河凡五入運》記載了明洪武二十四年（1391年）、正統十三年（1448年）、弘治二年（1489年）、弘治五年（1492年）和正德四年（1509年）黃河決口的情況；《古今治河要略》則從上古時説起，内容有《禹貢》片段，西漢賈讓的治河三策，宋代歐陽修、任伯雨，元代歐陽玄、余闕以及明代宋濂、丘濬等人的治河言論；《治河意見》則是劉天和根據黃河決口的各方面原因提出意見："吾寧引沁之爲愈爾，蓋勞費正等，而限以斗門。澇則縱之，俾南入河；旱則約之，但束入運，易于節制之爲萬全也。"三文近四千言，較爲全面地反映了劉天和的治河思想，其思想對明清以及近代治河都產生過積極的影響。

（三）治水碑

數千年來，泥沙淤積、河堤決口等原因使黃河主河道及支流發生水患。爲了治理這些水患，黃河流域的人民駐堤防洪、修浚河道，并且立碑記之，這種記載治水活動而立的碑刻就是治水碑。治水碑記載了形式多樣的治水過程，如堵塞決口以束水，開鑿新河以分水，修浚河道以利水流，修築河堤以防洪水等，并且記載了修堤、修河的參與人、時間、所費財物及治水效果等。治水碑是人們與水患做鬥爭最直接的記録，歷史上每當黃河肆虐，堤防決溢，洪水來襲，人們堵堤治水後，常立石以紀。明代的《敕修河道功完之碑》《黃陵岡塞河功完之碑》《于忠肅公鎮河鐵犀銘》，清代的《敕建楊橋河神祠碑》《鄭工合龍處碑》等，均向人們提供了當時災害造成堤防破壞情況和堵復決口過程等史料。其中，明代的《敕修河道功完之碑》《黃陵岡塞河功完之碑》是治水碑的典型代表。

明景泰七年（1456年）的《敕修河道功完之碑》位于濮陽市臺前縣夾河鄉八里廟村北古京杭運河故道旁大河神祠内。明正統十三年（1448年），黃河于新鄉八柳村決口，洪水直衝張秋鎮（今屬山東陽谷縣）、沙灣（今濮陽市臺前縣八里廟村南）一帶，運河河道被毀，南北漕運大動脉幾乎中斷。朝廷受到了很大的震動，先後派工部侍郎王永和、工部尚書石璞等治理沙灣河道，工程均失敗。景泰四年（1453 年）十月，明代宗又任命徐有貞爲都察院僉都御史，治理沙灣河道。徐有貞到沙灣後，對地形水勢進行了詳細查勘，創造性提出了置水門、開支河、浚河道的治河三策，歷時近兩年，于景泰六年（1455 年）七月終于治河成功。碑文詳細記載了徐有貞治理沙灣決口的經過，舉凡用工費料之數、經日之數，及踏勘所經、治理之方，無不一一詳載，是明中葉治黃史上一篇重要的文獻。

弘治十年（1497 年）的《黃陵岡塞河功完之碑》位于蘭考縣南彰鄉宋莊村。該碑記載了明弘治二年至八年（1489—1495 年），開封東至山東黃陵岡段黃河決口泛濫及治理經過。該碑對明朝委派官員前往治河、徵調民工數量、使用材料及治理方法均有詳細記載，并重點記載了弘治六年（1493 年）都察院右副都御史劉大夏、太監李興、平江伯陳銳等人的治河功績。碑文記載了治河所用的人力物力，"是役也，用夫匠以名計五萬八千有奇；柴草以束計一千三百萬有奇；竹木大小以根計一萬二百有奇"。工竣之後，明孝宗對治河三臣進行嘉獎，"賜臣興禄米二十四石；加臣銳太保兼太子太傅，禄米歲二百石；進臣大夏左副都御史理院事"。

（四）修渠碑

修渠之事歷代皆有，有因原有渠道年久失修，泥沙淤堵，使百姓失渠之利，然後重修使民獲利者；也有因原有水渠不足以利民，爲廣辟水利計而開鑿新的渠道以養衆民者。爲了記載這些事迹，立碑以記修渠之事，此種碑即爲修渠碑。修渠碑不僅記錄了興修水渠、河渠的過程，也記載修渠官員的功績。黃河幹支流在歷史上修建的無數渠道，是流域人民利用黃河水資源的寶貴智慧結晶。如戰國時期，西門豹爲鄴令，曾在黃河支流漳河開掘十二渠（西門渠），引漳水灌溉農田。魏惠王曾下令開鑿鴻溝，西起滎陽，引黃河水爲源，向東流經中牟、開封，折而南下，入潁河通淮河，把黃河與淮河之間的濟、濮、汴、濉、潁、渦、汝、泗、菏等主要河道連接了起來。韓國水工鄭國在秦國主持修建了鄭國渠，《史記·河渠書》記載："渠就，用注填閼之水，溉澤鹵之地四萬餘頃，收皆畝一鐘，於是關中爲沃野，無凶年，秦以富强，卒并諸侯。"

（五）修井池碑

修井池碑是記錄挖掘水井、水池，修舊井池以及井池的日常維護與使用的碑刻。"從古以來，耕田而食，未有不鑿井而飲者。"如果説河渠使農業用水有了保障，那麼井水則使百姓的生活用水有了保障。井在古人的生活中非常重要。然而，在鑿井技術有限的古代，修井是極其困難的事，每次修井，都可能需要集數家或全村居民之力，合力修建；而一口井所蓄之水是有限的，尤其是在乾旱的年份，井水分配不當常常成爲引發人們之間矛盾的源頭。在這種情況下，人們通過立碑來記錄井的開鑿、日常維護和管理方法便成了很有必要的事情，也因此留下了大量的修井碑。清道光元年（1821 年）所立的《汝陽縣蟒莊村鑿井碑記》記載了汝陽蟒莊村開鑿新井的原因及過程。蟒莊村地勢高，地下多爲堅石，村中只有一口歷世相傳的井，無法滿足全村的生活用水，村民常因汲水問題引發爭端，于是訂立了"以繩串桶，分其先後"的汲水方法，但是水少人多，這種方法并不能從根源上解決人們的用水問題。爲了汲水，村民"晝則坐俟于旁，夜則臥待于側，甚有竟日竟夜而獲一汲者"。用水問題引起人們生活的極大不便，陳天福、徐琬、趙榮祖三人有傷于此景，雖然"慮前人屢次鑿井，訖不見泉"，但仍然召集鄉人，共同鑿井，"凡閲三月餘，深幾十二仞，而泉涌焉"。數年間，人們備覺此井之便利，因此勒石記錄陳天福等三人的不朽功德。

古人臨水而居，也非常注重水池的挖掘、維護與管理。"池"，也稱泉池、塘、沼、陂等。武則天長安四年（704 年）于衛輝百泉衛源廟所立的《衛州共城縣百門陂碑銘并序》，則是泉池碑的代表。碑文指出："百門陂，案《水經》：出自汲郡共山下，泉流百道，故謂百門。"該碑生動記載了盛世百泉水利開發的盛況，表達了對縣令曹懷節率領群僚旱天祈雨、澇天祈晴，以恤民疾苦的贊頌。

（六）修橋船碑

修橋船碑是有關橋梁、船隻修建、維護與記錄修橋、建船人功德的碑刻。橋梁、舟船能够溝通河流兩岸，對于兩岸居民往來、商賈來往運輸有着重要的作用。有些橋梁修建的年份久遠，或因洪水衝擊等，逐漸損毀，因此，又會在舊橋原址進行重修，常以石橋代替原有的舊橋、土橋、木橋。爲了記載修橋之事，人們立碑，留下了大量的修橋碑。

明嘉靖四十五年（1566 年）所立的《衛河廉川橋碑》，記載了浚城官員魏灃主持修建廉川橋的過程。衛水經浚城西面北流，衛河上原有石橋連接兩岸，但是"歲久頹圮，民病涉者十餘年矣"。嘉靖乙丑年冬（1565 年），河南許州魏灃出任浚城宰，主持重修此橋，浚城父老歡呼雀躍，傾力相助，于丙寅年夏（1566 年）建成高二丈有五尺、寬三丈有五尺、長一十八丈的石橋。大伾王子（王璜，號大伾）認爲："公令一出，民應如響者，廉也。橋以廉成，廉以橋顯，德政相因也。……收濟川之功者，咸於是乎？"因此該橋定名爲"廉川橋"。

博愛縣孝敬鎮張村火神廟的《創建善船碑記》，立于清嘉慶十五年（1810 年），指出當地"大率倚要津爲貪暴，不稱所求不止，雖販夫販婦，輒勒索不少貸。時有譁而鬥者，甚至不勝憤，竟臨河返，迂道自他所濟者"，後"張村羅公養寰、牛公悅庵等，乃適有創建善船之役"，捐資善款，"設渡于蔣村之西偏，爲善船二，土橋一十"。

（七）水訴訟碑

水訴訟是百姓因爭水而引起糾紛，由官府介入解決訟端的事件。無論農業，還是生活，水對百姓的生產生活都有着不可或缺的作用。但是，由于水資源的分布不均，水利設施的不完善等，常常導致用水困難，進而導致人們因用水問題產生矛盾，不得不打官司。爲了記載水訴訟的起因、過程、結果等，人們立碑記之，留下了大量的水訴訟碑。

爲了相對完整地展現水訴訟的過程，可以清雍正八年（1730 年）所立的《廣濟利豐兩河斷案碑》爲例。此碑詳細記載了一次水訴訟的過程：

此案由來已久。廣濟河與利豐河創自明代的河內邑侯袁公、胡公協鄉紳衿民共同"捐資穀，買地畝，開山鑿洞"，且本有其使用方法，"兩河之下分二十四堰，以出力開河之民，別爲利户。濟民之有利者，分五堰，河、孟、溫、武之有利者，分十九堰。每月兩輪，照號用水，必先武陟，次孟、溫，次河、濟，自下而上，俾狡惰者不得無功竊利，法至善也"。然而，日久弊生，濟民在上游"爲橋閘、開溝洞、培蘆葦"，過分地使用水資源，使得"河、孟、溫、武四邑有分堰之名，而無分堰之實"，不能够享受到應有的水資源，矛盾自此而生，"由故明以迄于今，河民嘵嘵不休，而此案究竟未結也"。

主管官員沁河通判朱俠和孟縣知縣李麟源認爲原有分水之法是至善的，只不過由于對兩河疏浚懈怠，導致袁公成法敗壞，最終引發五縣用水矛盾。查勘既明，提出的解決方法是將上游濟民私建、私置之處拆去，并"毀其閘底，芟其蘆葦"，恢復河水的流通，并規定了對河渠的疏浚方法，"每歲疏浚兩次，限于春冬至二月、十月，各縣率典史督夫疏浚，完日，報水利廳會同驗收，牒府申報查考。如一歲之中，疏浚如式者，將該縣記功；不如式者，記過。如是，則賞罰嚴明，責有攸歸，而事端可息，水利永興矣"。最終，恢復了袁公二十四堰分設的舊制。碑文最後指出，"蒙批，轉飭該廳縣照議遵行，勒石永遵……知縣戴仁遵即勒石，以垂不朽云"。

（八）水規碑

水規，即用水的規矩。水規碑是將對河流、湖泊、管道的管理以及使用規範等勒石以記的碑刻。古代社會以農業爲重，農業以灌溉爲重，足量的水對于農業來説至關重要。現存碑刻中對于水的重要性有所記載，"水之爲利大矣，民之性命藉以生活，國之賦税賴以供輸，此固不可一世者也"。水與百姓生活息息相關，與農業産量息息相關，而田賦向來都是國家的主要賦税，是國家的命脈所在。因此，百姓在用水過程中需要水規來合理利用水資源。

水規的制定多與民間水訴訟案件有關。在北方地區，降水不足，多開渠引水以灌溉田地。村與村、户與户之間多就引用渠水引發矛盾，進而産生衝突以致訴訟，最後由當地官員或者德高望重之人主持訂立水規，并刻石以垂永遠。碑刻中多有因天旱缺水而引起訴訟的記載，如"時值亢旱，樓子溝、杜溝截水，不能下注……興訟一載，未曾結案"（伊川縣《古城村公議渠規》）等。爲了解決或者預防這種爭端，便由官員或鄉紳等主持訂立水規，"從來天下事，莫不有規矩。規矩者一定而不易，萬不可無也。無規矩則無定例，無定例則滋爭端。然而爭競豈其可乎哉？輕以敗風俗，重以傷人情，甚至鬥殿叫罵，興訟不息，後破錢財，爭競爲害，何可勝道？"（宜陽縣《輪流灌田碑記》）道光十年（1830年）的《大靖渠章程十二條》（碑存洛陽關林），因爭水訴訟，經河南府正堂訊明斷結後制定章程，詳細地規定了管道管理辦法：管道設專人負責管理，九閘分期澆水，按十八夜一輪，周而復始，不得強霸截挖。

水規的制定原則上以公平爲主，同時，水規的制定也須合情合理，符合農業生産與人民生活的實際情況。總之，水規的制定與水規碑的存在減少了水訴訟的發生，也是當時人們合理利用水資源的見證。

（九）荒年碑

中國傳統社會裏，發生旱澇瘟疫等自然灾害，常常出現饑荒。在與灾害鬥爭之中，人們往往刻石立碑，以記録搶險救灾、祈雨、祈雪、賑灾、灾害狀況等，這類碑統稱爲荒年碑。這些碑銘內容雖然可能并没有直接記録有關水利情況，但也間接反映了水旱灾害對人民生活的危害，揭示了黄河流域興修水利的必要。中國歷代以農業立國，荒年自古就有，正所謂："天行有時，逢堯水湯旱，聖人不免遇灾，知時歲凶荒，國家代有。"史書所載荒年，尤以清末光緒二年（1876年）至光緒五年（1879年）間發生于山西、陝西、河南、直隸及山東五省的"丁戊奇荒"爲最。時人多作文描述當時的悲慘場景以警示後人，預防荒年，因此留下了大量記載"丁戊奇荒"的碑石。

以光緒五年《魏家溝旱荒碑》爲例。該碑現存輝縣南村鄉魏家溝觀音廟内，碑文記載：光緒元年時，風調雨順，農作物豐收，麥每斗價錢僅一百六十文；到了光緒二年，因爲天旱與蝗灾，米麥都歉收，糧價上漲，到了冬季，"米麥大貴，每斗五百餘文，餘糧亦漸增價"。光緒三年時，"三月間始雨，故麥僅三四分收焉！自此以後，終年無雨，秋麥未種，蝗蟲復出，山、陝、河南，三省同旱。米麥愈貴，每斗七八百文"。與光緒元年時相比，糧食價格已經上漲了四五倍之多。十月之後，人間慘象已成，"父子離散，夫婦逃亡，壯夫遠適于異國，少婦自嫁于他鄉。十室之邑，日死數人，屍骸遍野，鷄犬無遺。屠人而食，析骨而炊，始猶割死人而烹之，後更殺生者而哺之。父子相殺，兄弟互食，亦不爲異"。此時所食之粟，都從山東、廣東等地運來，每斗達到了八九百文。到了光緒四年三月，米麥達到了每斗一千五百文。三月之後，又發生了瘟疫，導致剩下人"六分之中，又死三分矣"。灾荒發生之前，魏家溝有七百多口人；灾荒過後，僅存百餘人，由此可知荒年給老百姓帶來了多麼大的灾難！

（十）水信仰碑

古人在進行與水有關的活動，如農業、行船等時，希望得到神靈保佑，祈求風調雨順，于是根據圖騰、傳説、异樣的人或事等創造出來具有超自然能力的存在，如河伯、河神、龍王、金龍四大王、黃大王等。黃河流域民衆在爲所信奉的神靈進行祭祀、祈禱、建立或重修廟宇等相關活動時，立下了數量衆多的碑刻，證明人們對這種活動的重視，它們同時也是民衆信仰的直接體現。

以葉縣康熙四十六年（1707 年）所立《白龍王廟碑記》爲例，可以瞭解因農業祈雨立碑的前因後果。該年葉縣久旱不雨，導致"地畝龜坼，二麥將萎，且燠燥之土，秋禾不可播種，四野皇皇，得澤若渴"。葉縣令柏之模與僚屬到白龍潭進行祈雨活動。三月二十五日祈禱後，第二天柏之模一行人"甫抵縣治，忽赤日弢光，水雲四起，一雨三日，既沾既足"。祈雨成功，使得"二麥勃然，秋禾可播，農喜有歲，官無隕越"。在柏之模進行祈禱的時候，其從者看到有一條小青蛇在潭中出没，它被認爲是龍神神迹的顯現，甘霖是龍神對祈禱的回應。爲了記載龍神降雨活民之功，柏之模"爰作頌言，礱諸珉石，用彰神貺不朽云爾"。

除了這種因祈雨成功而記載所奉神靈功績的碑刻外，還有大量的碑刻記載了百姓建立廟宇或因廟宇日久殘破，百姓共同出資修復廟宇的活動。常見的廟宇有龍王廟、河神廟、濟瀆行宫、黃大王廟、金龍四大王廟等，這些都反映了民間水信仰文化的繁榮。如黃大王的故鄉在偃師市岳灘鎮王家莊。據嘉慶十五年（1810 年）偃師縣知縣武肅所立《黃大王故里碑》載："王府在治西南十里許王家莊；王墓在治南五十里萬安山。"傳説黃大王自幼就神异無比，出生時"雲霧敝天，香氣滿室"，"空中有聲曰河神降矣"。這一傳説直接將黃大王定位爲"河神"。黃守才這樣一個出身與地位都不顯赫的普通人，先是受到黃河沿岸人民的崇拜，而後成爲繼金龍四大王之後的又一位納入國家正祀的黃河河神，被統治者立廟祭祀。歷經數百年，黃大王信仰依舊十分昌盛，已經成爲黃河信仰文化的重要組成部分。

五

黃河水利碑刻大多是對某一些重要的事件進行記録，以永傳後世，由于爲當時所立，記録實事，所以有着極高的可信度，可以被用作了解歷史、研究歷史的可靠憑證，也能够與古籍典章中的記載相互印證。除此之外，相關碑刻是對事件的直接原始記載，往往比史籍所記載的内容更詳實、生動、豐富。黃河水利碑刻所記録人們生産生活的情况也是黃河文化的重要内容。如河臣碑反映了人們對治水有功之人的懷念；河圖碑是對治河思想、方法等人民智慧的彙聚；治水碑、修渠碑反映了數千年來黃河流域人民與黃河的泛濫、淤積等情况所做的鬥争，體現了勞動人民的智慧；修井碑、修橋碑、水訴訟碑、水規碑是民衆日常生活情况最真實的記録；荒年碑則是對民衆生活中重大變故的記載；水信仰碑反映了黃河流域人民的精神信仰。數千年來的黃河文化就記録在碑刻之中，黃河水利碑刻是黃河文化的重要組成部分。

黃河流域水利碑刻既是中華民族的寶貴文化遺産，也是黃河文化的重要内容之一。調查、挖掘、整理好遍布黃河流域的水利碑刻，是回應國家重大戰略的體現，必將爲研究、弘揚黃河文化提供扎實的基礎，爲講好"黄河故事"提供基礎的素材。

本集成計劃將黄河流域各省區現存的歷代碑刻資料儘量收集彙編，以現有拓本或圖片的碑刻爲收錄主體。鑒于地域廣大，各地區文化發展程度不一，各地所有的碑刻材料也有較大的數量差異，我們采取了各省、自治區獨立編輯成卷的方式，現存資料較少的省、自治區則幾地編輯爲一卷。每卷内根據碑刻數量再分編成若干冊，一般150—200通碑刻編成一冊。所有碑刻均包括圖版、錄文與基本信息等三個主要部分，部分需要説明的碑刻附有注釋説明。黄河流域面積大，範圍廣，牽涉單位多。從已經掌握的出版資源看，雖然早有一些涉及黄河流域水利碑刻的圖書出版，但大都在地域範圍、數量、呈現方式等方面存在不足，難以全面、系統、權威性地展示黄河流域水利碑刻，未免令人遺憾。有鑒于此，本套叢書立足黄河全域，牽涉九省區，力圖儘可能地收錄現有資料，站位高、工程大，是現有黄河流域水利碑刻的集大成。同時，本套叢書克服了現有水利碑刻書籍只有碑刻錄文的不足，每通碑刻都附有拓片全圖，圖文對照，爲研究者提供了第一手原始資料；除可爲有關文字學研究、考古學研究及藝術史研究等提供資料外，還可以保證這些珍貴資料的可靠性。

中國自古以來就有"圖書"并稱、"左圖右文"、以圖輔史來彌補文字不足的傳統。南宋著名史學家鄭樵在《通志·圖譜略》中指出："圖，經也；書，緯也。一經一緯，相錯而成文。圖，植物也；書，動物也。一動一植，相須而成變化。見書不見圖，聞其聲不見其形；見圖不見書，見其人不聞其語。圖，至約也；書，至博也。即圖而求易，即書而求難。古之學者爲學有要，置圖於左，置書於右。索象於圖，索理於書。故人亦易爲學，學亦易爲功，舉而措之，如執左契。""圖"在治學中的作用與文字表達同樣重要，兩者相輔相成，不可偏廢。遺憾的是，長期以來，由于拓片不易得和編輯技術限制等，有關金石碑刻的圖書多數缺乏圖版，從而造成諸多歷史資訊的缺失。本套叢書從碑版拓片的搜集與整理着手，立足于田野，堅持"左圖右文"方式，全面整理出版黄河流域水利碑刻，以實證方式展示中華民族水利文明歷史，彙集先民生産、生活資訊，彙聚民族智慧，向全世界展現中國人民的文明鬥爭史，不僅可以豐富歷史文獻資源，也有助于多層次、全方位挖掘中華民族精神，增强中華民族的文化自信。

由于碑刻文物體積大、質量大，且數量巨大，分布零散，現存古代碑刻大多散見于田野或露天之中，保護狀況普遍較差。歷史上對于碑刻的破壞及改用也是十分嚴重的。所以，很多歷史上曾經有過記載的碑刻資料現在已經看不到原石，有些尚有拓片存世，有些則已經蹤影全無，只能看到一些金石著錄中的記載。鑒于本集成以實物碑刻爲主體的原則，已經没有原石存在的碑刻，除部分資料重要且在金石著錄與地方志中有全文記錄的碑刻之外，基本不予收錄。所收錄的碑刻中，有些保存狀況較差，拓片及圖版多有不盡人意之處，亦請見諒。

本集成的特點之一，就是訪拓收錄了大量散存民間，以往未曾公布的新資料。限于現有條件，本集成在收錄中肯定還存在着不夠完全的地方。雖然作者們多方搜集，調查訪拓，但是在各地民間零散分布的有關碑刻或許還有没有尋訪到的，致使本書會有所遺漏。我們希望，隨着文物事業的不斷發展，地方文化需求的增加，散落田野間的古代碑刻會越來越完善地得到發現與保護。我們也會在適當時機，繼續對本書做出補充與完善。

2019年9月18日，習近平總書記在黄河流域生態保護和高品質發展座談會上指出，"在我國5000多年文明史上，黄河流域有3000多年是全國政治、經濟、文化中心，孕育了河湟文化、河洛文化、關中文化、齊魯文化等"，"九曲黄河，奔騰向前，以百折不撓的磅礴氣勢塑造了中華民族自强不息的民族品格，是中華民族堅定文化自信的重要根基"。"黄河文化是中華文明的重要組成部分，是中華民族的根和魂。要推進黄河文化遺産的系統保護，守好老祖宗留給我們的寶貴遺産。要深入挖掘黄河文化蘊含的時代價值，講好'黄河故事'，延續歷史文脉，堅定文化自信，爲實現中華民族偉大復興的中國夢凝聚精神力量。"在此後半年左右時間裏，習近平總書記曾先後六次視察黄河流域，充分顯示國家領導人高度重視黄河流域厚重文化和生態文明的情懷。同時，黄河流域已經上升爲國家"生態保護和高质量發展"戰略。"黄河"作爲中華民族的特殊人文符號，引起國内外高度重視，黄河文化的繁榮與發展也納入了國家戰略視野。迄今爲止，黄河流域碑刻資料僅散見于各省市的部分出版物，尚未得到全面系統地搜集、整理和利用。開展黄河流域水利碑刻的搜集、整理與研究，不僅有利于保護這些傳世碑刻，而且對于保護難得的地方文史資料，落實國家"黄河流域生態保護和高质量發展"戰略具有非常重要的學術價值和現實意義，還能够推動黄河文化在現代社會的復興和發展，使其獲得新的生命力！

編　者

二〇二一年八月

前　言

一

　　河南，因黄河而得名，位于黄河中下游流域地區的中西部。黄河經陝西、山西兩省交界處“几”字最後一彎，進入河南省，自西向東流經三門峽市、洛陽市、濟源市、焦作市、鄭州市、新鄉市、開封市、濮陽市等八地區。歷史上，黄河支流或故道曾經過今河南省許昌市、漯河市、周口市、安陽市、鶴壁市等地區。廣義上説，今河南省各地區均屬于黄河文化區。河南如同黄河母親的孩子，依偎在母親的懷抱，牽着母親的大手。

　　黄河孕育了燦爛的中原文化。中原文化是黄河文化的最高體現，是黄河文明的集中代表。“河出圖、洛出書”，中原文化的起點在黄河流域河南段地區。裴李崗文化、仰韶文化、大河村文化、龍山文化、二里頭文化等早期人類文化遺存分布于黄河及其支流沿岸地區。洛陽、安陽、商丘、鄭州、開封等古都矗立于黄河或黄河故道之畔。“一部河南史，半部中國史”，河南在中華文明誕生、發展的歷程中占據着重要地位。

　　“刻于金石，以爲表經”，石刻是中國古代資訊記録、文化傳承的重要載體之一。河南石刻極爲豐富，分布廣泛。自先秦以至民國，各個時期均有石刻保存至今，而原石佚失留存拓片的更是數不勝數，其中一些石刻更是兼具史料價值和書法藝術價值的精品。時代分布上，清代碑刻相對較多，據王興亞等編《清代河南碑刻資料》統計，僅今河南省轄區範圍内現存和輯録的各種碑碣、墓志、摩崖、帖等就有 8000 通。[1] 空間分布上，河南省各地區均有爲數衆多的石刻及石刻拓片，尤以洛陽、濟源、安陽、南陽爲多。水利碑刻是黄河文化的重要載體，是古代河南石刻的重要組成部分，詳實生動地記録了先民生産生活與黄河的密切關係，直接體現了中原大地對黄河母親的依偎、依賴和依戀。

二

　　歷史上，黄河在河南段，特別是鄭州花園口以下河段的水文變化最爲突出。在相當長的一段時間，河南爲全國政治、經濟、文化中心區域，人口衆多，農業生産發達。黄河水文的變化，如

---

[1]　王興亞等：《清代河南碑刻資料·前言》，商務印書館 2016 年版，第 1 頁。

水土流失、河道變遷、河岸侵蝕等對河南的影響最大。從先秦時期至中華人民共和國成立前的2500多年，黃河在今河南省的鄭州、新鄉、開封、濮陽等一綫決口26次，發生決溢等1500多次。特別是1938年鄭州花園口決口，導致鄭州、開封、周口、商丘等及安徽、江蘇等省的44個縣市受災，形成面積廣闊的黃泛區，造成慘烈的人間悲劇和嚴重的生態災難。

自焦作市武陟縣嘉應觀，黃河河道逐漸擺脫兩岸山脉束縛，進入下游的衝積平原。戰國以前，黃河下游河道兩岸基本没有大規模的堤壩，黃河河道寬且時常會發生較大範圍的漫溢、改道。從新鄉、鶴壁、安陽一綫的太行山東麓到鄭州、開封、周口、商丘等一綫，進而北達天津、南至淮河的扇形區域均是黃河曾經波及的地區。戰國時期，隨着人口的增加和人類活動範圍的擴大，黃河沿岸各諸侯國或以鄰爲壑，或築堤自固，黃河越來越被束縛于堤壩之中。至西漢時期，黃河下游兩岸已經構築起系統的堤防。黃河下游河道大致在今河南滎陽向北流，沿衛河河道方向，至古宿胥口（今河南浚縣）東流，過瓠子口（今河南濮陽西南），經今山東館陶、臨清、德州等地，最後在黃驊入海。這條河道被稱作"大河故瀆"，流向保持到西漢末年。

然而，黃河歷來含沙量較大，下游流速趨緩，在堤防束縛的河道之中泥沙堆積速度加快，再加上人口的進一步增加，人類活動進一步深入到黃河堤岸以內。因此，自西漢前期以後，黃河下游地區更加頻繁地決溢，人類活動與黃河下游河道變遷之間，築堤與決堤之間始終存在着矛盾，時而突出，時而緩解。漢武帝元光三年（公元前132年），黃河在東郡濮陽瓠子口決堤，東南流入巨野澤，侵奪泗水、淮水河道入海。此後，在人爲因素影響下，決口二十餘年未能封堵。直至元封二年（公元前109年），黃河才恢復故道，但不久又在山東館陶決口，向北決溢，并與原河道之間形成多條岔道，影響豫東北、魯西、魯西南等地區。

西漢末年，王莽代漢，始建國三年（11年），黃河在魏郡元城（今河北大名）附近決口，歷時近六十年，至東漢永平十二年（69年）才結束泛濫亂流的局面。明帝辟用司空府屬吏王景和將作謁者王吳治河。王景通過實地考察，疏通河道、截彎取直、更修堤防，自今河南滎陽至山東高青，將黃河束縛于新的河道中。新河道平直、順暢、流程短，加之此後魏晉南北朝三百多年的戰亂，人類活動對黃河下游河道影響減小，至北宋前期没有再發生大的改道。

唐代時期，黃河決溢日益增多，泛溢位置多在河道狹窄、土質疏鬆的今浚縣、滑縣至濮陽、清豐一帶，以及黃河中下游分界的今武陟、獲嘉、滎陽、鄭州一帶。自唐永徽六年（655年）至北宋慶曆八年（1048年），黃河在這一區域決溢達65次。北宋慶曆八年（1048年）六月，黃河在澶州的商胡埽（今河南濮陽東北）發生決口，河道向北借御河（今南運河）、界河（今海河）河道至天津入海，是爲北宋黃河北派。嘉祐五年（1060年），黃河又在大名府魏縣第六埽（今河南南樂西）發生決口，沿大河故瀆河道流淌一段後，又從今馬頰河河道入海，是爲北宋黃河東派。北宋統治集團在北派與東派之間舉棋不定，致使黃河在兩條河道之間不斷地決口、決溢、游蕩滾動，水系變得异常紊亂，不僅造成嚴重災害，也造成泥沙堆積、土地鹽碱化、地下水苦澀等生態影響。

南宋建炎二年（1128年），爲阻止金兵南下，東京留守杜充人爲決河，黃河自李固渡（今河南滑縣西南），經滑縣南、濮陽以及山東東明、巨野、嘉祥等匯入泗水，由泗水入淮入海。此後至清咸豐五年（1855年），黃河下游河道基本保持南流奪淮入海。改道後的黃河下游流域地區，主要在今豫西北、魯東南地區。這一帶地勢平坦、土質疏鬆，歷朝歷代雖不懈地修造堤壩，但無法阻止黃河行流散漫、河道遷徙。再加之金、元、明、清各王朝往往更注重黃河下游河道的軍事作用、黃河下游對運河的影響等問題，而難以通盤考慮黃河下游的水文系統，因此，這一時期黃河下游河道又在黄淮平原西緣至北宋故道之間來回翻滚，侵奪潁水、渦水、泗水、灘水等河流河道，造成區域內原水環境的徹底改變。與此同時，黄河泥沙堆積越來越嚴重，決口的位置也隨之越來越向上移動。元明清時期，汲縣（今河南衛輝市）、延津（今河南延津）、陽武（今河南原陽東）、中牟（今河南中牟）、開封（今河南開封）等處決口的次數越來越多，這一區域受到黄河泛濫的影響越來越大。元代的賈魯，明代的白昂、劉大夏、潘季馴，清代的靳輔、陳潢、郭大昌等受命治河，成效斐然。總體上來說，各代治河在滎陽至開封、蘭考、封丘、商丘等一綫往往修築較爲寬闊的堤壩，將黄河束縛其中。

清咸豐五年（1855 年）六月，黄河在蘭陽銅瓦厢（今河南蘭考西北）決口，淹没封丘（今河南封丘）、祥符（今河南開封東）、長垣（今河南長垣）等大片地區，繼而由長垣、曹州東北流，至山東利津入海，重新回歸北道。決口後的 20 多年間，黄河在豫東北、魯西南一帶自由漫流，洪災不斷，至光緒二年（1876 年）才被約束于大清河河道，注入渤海，形成今日黄河下游的基本形態。

歷史上，黄河下游的頻繁決溢、改道，造成流域地區特別是黄淮平原、華北平原地區的水文環境發生巨變。黄河下游沿岸的支流、湖泊等逐漸減少，并最終完全消失或不再屬于黄河水系，黄河只剩下主泓約束于堤壩之內，部分河道高懸于兩岸地面。黄河下游水文環境的變化進而影響到區域的氣候、土壤、植被等自然因素，與黄河決溢、決口等問題相伴的旱災、用水困難等問題同樣非常突出。

歷朝歷代一方面十分重視治河，另一方面更注重黄河水利建設和利用。灌溉和航運是古代黄河水利的兩個主要方面。

"水行載舟"，先秦時期黄河河南段便是水運的重要通道。"昔在黄帝，作舟車以濟不通，旁行天下"[1]，水運的起源較早。商代時，黄河中下游部分幹流河道就具備大規模水運航行的條件。《尚書·盤庚》載，"盤庚作，惟涉河以民遷"，橫渡大河南北，復居成湯故里。商末，周武王自盟津率大軍渡河，可見當時的水運技術和航渡能力。而利用黄河支流從事航運的記載就更爲豐富了。例如，據考古學者推測，二里頭遺址出土的綠松石、銅、鉛、錫等礦石來自洛河上游地區。這些礦物原料可能就是利用洛河水運，抵達下游的。[2]

春秋時期，吴王夫差開鑿了溝通商魯之間的菏水，進而沿黄河西進。菏水是明確記載的黄河下游地區第一條人工運渠。戰國時期，魏國在今河南滎陽至開封一帶開鑿鴻溝，引河水入圃田澤，進而東南行與淮河水系連接起來，以便通航。西漢時期，都城長安需要來自關東地區的物資，黄河河南段是入關中的關鍵一段。東漢時期，洛陽成爲都城，黄河航運中樞也隨之東移。東漢王朝借洛水及其支流，開鑿陽渠，溝通黄河。沿黄河，"東通河濟、南引江淮"，全國各地的貢賦所由而至。魏晉南北朝時期，黄河航運的軍事意義凸顯。曹魏開鑿了以鄴城（今河北臨漳）爲中心，依托黄河河道的衆多管道；開鑿了便于軍事行動的睢陽渠、賈侯渠、討虜渠、廣濟渠、平虜渠等；修繕了洛陽附近的漕運體系。

隋代煬帝在北魏黄河漕運水系的基礎上，開鑿了以洛陽爲中心，北達涿郡（今北京市）、南抵

前言

3

[1]　班固：《漢書·地理志》，中華書局 1962 年版，第 1523 頁。
[2]　張登毅：《中原先秦綠松石製品產源探索》，北京科技大學博士研究生學位論文，2016 年，第 162 頁。

余杭（今浙江杭州）的大運河。自滎澤至洛陽段的黃河河道是大運河的重要組成部分。永濟渠段以沁水借黃河，又北分沁水經今河南衛輝市、浚縣、内黃等地，東北流至今天津附近，折而向西至涿郡。通濟渠段借黃河之水，經今鄭州市、開封市、商丘市等地，東南行至盱眙入淮河，再經邗溝至江都（今江蘇揚州）。黃河和大運河溝通了江淮、河北與洛陽、長安，構成了隋唐王朝的重要生命綫，爲後世所沿用。

北宋時期，隨着政治、經濟、文化中心的東移、南移，黃河航運樞紐隨之轉移到開封，形成以汴河爲主的運河體系。汴河上接黃河，下連淮河，進而溝通長江。汴河保證了江淮地區的物資源源不斷輸送至開封。"東京養甲兵數十萬，居人百萬家，天下轉漕，仰給在此一渠水。"[1]除此之外，開封附近還開鑿、利用了惠民河、五丈河、金水河，四水共同構成"汴京四渠"水利航運體系，而今開封、鄭州至洛陽、三門峽段黃河的航運功能則逐漸減弱。

元代以後，全國政治中心北移，黃河流域不再是全國航運的核心，但是黃河依然發揮着水上交通要道的作用。至元三十年（1293年），直接溝通大都（今北京市）和江南地區的漕運航道——京杭大運河建成。京杭大運河自北向南連通了海河、黃河、淮河、長江和錢塘江五大水系。元代開鑿、疏通的京杭大運河主要利用徐州至淮安段的黃河水道。黃河河南段位於京杭大運河的上游，確保航運安全是河南治河的重點。"通漕于河，則治河即以治漕。"[2]明清時期，京杭大運河進一步改建，主幹道更加偏離河南，但部分管道借助黃河河道，因此河南治河重點仍然是保障這條生命綫的安全，既要保證黃河不會衝淤運河，又要保證黃河有充足的水源。

宋代以後，隨着黃河不斷改道遷徙，下游流域地區的水系發生巨大變化。黃河在下游地區的支流逐漸減少，并最終消亡。但是，黃河原有的下游支流在元、明、清時期依然發揮着重要的水運作用。在這些原有支流的沿岸，形成了一個個商業集鎮，影響遍及全國。

灌溉與航運密切相關，同一水利工程往往二者兼具。黃河流域河南段地區的水利灌溉在唐代及以前相對較多。宋代以後，黃河中下游地區隨着支流、湖泊日益減少，一些農田水利設施也難以爲繼；僅中游地區的豫西、豫西北仍能够依托黃河水系發展水利灌溉工程。

司馬遷在《史記・夏本紀》中就有記載，大禹"令益予衆庶稻，可種卑濕"[3]。大禹治水後，引導民衆在地勢相對低窪的地方興修農田水利，發展稻作。甲骨文和考古發掘材料證明，商代河南地區依然種植有較大面積的水稻，相關水利設施有所發展。

黃河流域河南段地區大規模興修農田水利是在春秋戰國時期。隨着生産技術的發展、生産工具的改善，各國爲提升農業産量，實現國富兵强，興辦水利。如魏國在今河南安陽、河北臨漳一帶興建的引漳十二渠灌溉工程。春秋戰國時期，漳水還是黃河的一條重要支流。魏文侯二十五年（公元前421年），鄴縣令西門豹"發民鑿十二渠，引灌民田，田皆溉"[4]，不僅治理了時常泛濫成灾的漳水，還改良了鄴地土壤。魏國在黃河下游修建、疏通的鴻溝水利體系，是對黃河、淮河水系的一次梳理，雖然主要功能是航運，但也發揮了調節水源、灌溉農田等作用。

秦漢統一王朝，爲黃河流域大範圍興修水利創造了條件。西漢時期，相繼在黃河中下游地區開鑿、疏浚了漕渠、龍首渠、六輔渠、白渠等。東漢時期，政治中心東移，洛陽周圍及黃河下游地區水利系統發展較爲迅速：一方面，構建起以洛陽爲中心的黃河漕運體系；另一方面，漕運體

---

[1] 脱脱等：《宋史・河渠志三》，中華書局1977年版，第2317頁。

[2] 傅澤洪輯録：《行水金鑒》卷三十七，商務印書館1936年版，第474頁。

[3] 司馬遷：《史記・夏本紀》，中華書局2014年版，第66頁。

[4] 司馬遷：《史記・滑稽列傳》，中華書局2014年版，第3901頁。

系與其他水利工程共同發揮了農田灌溉、城市供水功能。曹魏政權非常注重屯田，興修水利，以增強實力。爲了解決都城洛陽周圍地區的農田灌溉、漕運用水問題，都水使者陳協在谷水督造了千金堨，開五龍渠，在今河南焦作、濟源一帶修繕了前代開發的丹沁灌溉系統，興修了沁水的枋口堰渠等。此後，歷代不斷改造、修繕，至明代時基本形成以五條大渠爲主，數十條小渠爲輔的水利體系。曹魏修繕了引漳十二渠工程，興建天井堰等。南北朝時期，各政權又對引漳工程進行改造、修繕，興建了天平渠等。

隋唐時期，國家南北統一，黃河中下游的農田水利事業再次得到發展。據《新唐書·地理志》記載，關內道有水利工程 25 處，都畿道和河南道有 11 處，河東道有 17 處。[1] 這一時期，黃河流域農田水利工程建設的重點，一是都城長安所在的關中地區，一是農業相對發達、人口相對密集的河南、山西地區。就河南來說，則主要集中在洛陽和開封及其周圍地區，因循前代基礎，對大型農田水利工程進行整修、完善。

北宋都城開封位于黃河下游的衝積、洪積扇面上，一方面受黃河決徙、改道威脅較大，另一方面周圍地區有大量淤田沃土可資利用。北宋在確保汴河諸渠水運的前提下，放淤灌溉農田、改造瘠薄。南宋初年，黃河改道，自淮入海，黃淮海平原上的農田水利體系被徹底更改。此後，河南大部分地區處于交界、交戰地帶，原有農田水利工程破壞、廢弃較爲嚴重。元代政局短暫穩定，一些原有灌區得到恢復和發展，但政治中心、經濟中心已不在中原地區，黃河依然南流侵淮入海，黃河下游的農田水利工程相對較少。

明代再次統一後，開始大規模地興修水利，發展農業生產，至明洪武二十八年（1395 年），各地上奏"凡開塘堰四萬九百八十七處"[2]。河南的農田水利工程重點是沁河流域的引沁灌溉工程。清代延續明代，河南地區農田水利工程建設相對較少，主要是黃河中游地區的洛陽的中小型水利工程和對引沁灌溉工程的維護。明清時期，黃河下游幹流多次發生決口，河道不斷淤高，支流逐漸消失，農田水利工程難以爲繼。因水文環境的變化、缺乏大型農田水利設施等，用水困難成爲地區經濟、社會發展的一道障礙。解決水利糾紛、立約管水用水、水信仰和水神崇拜等成爲這一時期黃河流域水利碑刻的重要内容。

四

自古以來，水利碑刻資料就是人們瞭解黃河水文、黃河流域水系情況的重要參考。歷代學者、河臣編纂治河志文、方略等文獻時，輯錄有大量的水碑，但以河防、河工爲主，缺乏系統性的黃河流域水利碑刻輯錄。中華人民共和國成立後，提出"要把黃河的事情辦好"，學者們採用現代水利學、地理學、歷史學等學科理論，開展治河治沙、水土保持、水利工程以及黃河變遷、流域生態環境、黃河文化、黃河文明等方面的研究。黃河流域水利碑刻資料也得到了初步的挖掘、整理和利用。其中，專門性的研究成果主要有：1994 年，水利部黃河水利委員會編輯出版《黃河志》叢書，第 11 卷《黃河人文志》介紹了具有典型意義的黃河流域碑刻摩崖 44 通。2001 年，范天平出版《豫西水碑鉤沉》，輯錄了三門峽市、洛陽市及附近地區與水利相關的碑刻文獻 300 餘篇，但現存的碑刻僅 170 餘通，且部分碑刻缺乏拓片圖像，校訂、注釋較爲簡單。2010 年，范天平又整

[1] 程有爲：《黃河中下游地區水利史》，河南人民出版社 2007 年版，第 122 頁。
[2] 張廷玉等：《明史·河渠六》，中華書局 1974 年版，第 2145 頁。

理出版了《中州百縣水碑文獻》（上下冊），收錄河南省各地區與水利相關的文獻 1585 篇，其中碑刻文獻 1358 篇，多數是從《金石萃編》《唐代墓志彙編》《黃河金石錄》等史籍中輯錄出來的；附碑刻拓片 472 方，但選擇不夠集中，部分碑刻僅是現存或出土於黃河流域，與水利的關係不大。儘管如此，范天平的兩部著作開河南水利碑刻輯錄先河，對黃河水利研究、黃河文化研究、水碑文化研究等都具有重要意義。

目前，本書已搜集整理河南境內黃河流域的水利碑刻 700 多通，涉及黃河變遷、水環境變化、治河治沙、抗災賑災、航運漕運、農田水利以及水信仰、水訴訟、水規約等方面內容。僅存拓片而原碑石已佚的碑刻，并未收錄。

從現存的碑刻的立碑時代來看，以清代為最多，約占搜集整理總數的 65%。其次為明代，約占總數的 13%。唐代以前留存至今的黃河水利碑刻相對較少。從分布地點來看，歷史上黃河流域河南地區內的治河關鍵點及大型水利工程有較為集中的水利碑刻，如祭祀濟水的濟源市濟瀆廟、王屋山陽臺宮，沁水流域的沁陽市博物館、濟源市五龍口，黃河中下游過渡地帶的武陟嘉應觀，黃河下游衝積、洪積扇扇鈕位置的滎陽市文管所，黃河下游汲縣至浚縣段的輝縣市百泉碑廊、浚縣大伾山等；祭祀治河人物廟宇寺觀中有較多的聖像贊、祭祀碑、河臣碑、紀事碑等，如博愛縣的大王廟、開封的禹王臺、安陽縣的西門豹祠、林州市的謝公祠等。此外，水、水利與百姓傳統生產、生活密切相關，與黃河或黃河水系相關的金龍四大王、河神、河伯、龍王、黃大王等民俗信仰碑刻，以及水文碑刻、修造津梁溝渠碑刻、水權水案碑刻等數量龐大，散布于黃河流域河南段地區。

先秦兩漢魏晉南北朝時期，搜集整理水利碑刻 8 通，其中北齊天保五年（554 年）所立的《西門君之碑頌》，為紀念西門豹治鄴修建引漳十二渠而立。

唐宋金元時期，搜集整理水利碑刻 59 通：隋唐五代立碑 7 通，宋金立碑 21 通，元代立碑 31 通。如前所述，自秦漢以來，黃河流域河南段地區不斷修繕、使用的是引沁灌溉工程。濟源五龍口等地保存有唐、宋時期所立沁水枋口相關碑刻。唐《元和郡縣圖志》記載，今新鄉輝縣市蘇門山南麓的百泉，“百姓引以溉稻田”。今百泉的衛源廟內仍存有武周長安四年（704 年）所立《衛州共城縣百門陂碑銘并序》碑。該碑碑陽記載了武周時期共城縣官民對百門陂的開發利用，縣令曹懷節躬率僚佐，至誠祠祭，祈求風調雨順、晴雨如願。碑陰則詳細記載了長安二年至長安四年官民至百門陂數次祭祀求雨乞晴的過程。在曹懷節的祭祀祝文中有“若商羊起舞，報以牲牢；如川燕不飛，覆其棼橑”的語句，意思是“若祈雨有應，便恭敬地以牲牢報祠；倘若祈雨無果，則會將祠廟拆毀”。這種“毀廟報祠”的表達，使“民眾們看到的是地方官為了祈禱成功，不惜忤逆神祇的決絕之心”，體現了“德政致雨”的思想。[1]

與水信仰相關的祭祀、祈禱、修築道觀廟宇等活動相對較多，留存下來的碑刻較為豐富。唐宋時期，道教興盛。統治者為祈求延祚降福、五穀豐登等，舉行投龍儀式，向山嶽、土地、水淵等處投入金（玉）簡。我們搜集整理的投龍簡，雖然在內容上不一定是與水利直接相關的，但祭祀的對象都包括水官或水神。隋開皇二年（582 年），為祭祀四瀆之一的濟瀆，興建了濟瀆廟，後經歷代不斷修繕、擴建，一直保存至今。濟瀆祭祀同樣是這一時期乃至明清時期國家重要的祭典活動。濟瀆相關水利碑刻內容主要是祭祀濟瀆，重建、修繕濟瀆廟、北海祠等，以及歷代文人游覽濟源、濟瀆廟的題記、詩文等。此外，民間或地方水信仰的碑刻也有收錄，但數量相對較少。

[1] 夏炎：《唐代石刻水旱祈禱祝文的反傳統表達及其在地方治理中的功用》，《史學月刊》2021 年第 5 期。

明清時期距今較近，留存下來的黃河水利碑刻相對豐富，能夠較爲全面地展現這一時期黃河水文、治河治沙、防洪抗旱、水利工程、水利管理、水利糾紛、水利文化等的水利圖景。根據碑文內容，明清黃河水利碑刻大致可以分爲十種，即河臣[1]碑、河圖碑、治水碑、修渠碑、修井池碑、修橋船碑、水訴訟碑、水規碑、荒年碑和水信仰碑。下面我們略做介紹，抛磚引玉。

（一）河臣碑

歷史上，黃河決徙改道頻繁，泛濫成災，威脅流域地區人民生命、財産安全。治河有功、興利除弊、造福一方的治河名臣往往會受到地方官民的感念擁戴，勒石銘記。一些河臣甚至會被逐漸神化，被國家承認，立祠設廟，成爲護佑一方的河神。

明清時期，黃河流域河南地區所立河臣碑主要分爲兩類，其一是前代治河名臣碑，如關於大禹、西門豹、王景、賈魯等的碑刻。這些河臣基本上已完成了神化過程，在國家祭祀中占有一定的地位。大禹治水是對上古時期人們治理河患、水患的概述。大禹集治水名臣與治國明君於一身，較早地完成了神化的過程。明清時期，黃河流域河南段地區留存了大量禹王祭祀、禹廟修葺、禹迹贊頌、禹王聖像碑刻以及游覽禹王臺、禹王廟等詩詞歌賦碑刻。大禹碑主要集中在開封、浚縣及傳說中大禹治水的關鍵節點，如明李夢陽《禹廟記》碑所云，"大梁以災故，是故獨廟禹"。明清時期，開封受黃河決溢改道威脅嚴重，爲銘記大禹治水的功績，希冀禹王保佑，修建、修葺禹王廟，并刊刻金石。浚縣大伾山是傳說中大禹治水的關鍵節點，黃河北流時曾經其脚下。明清時期，黃河幹流雖遠離了大伾山，但此山仍然留存大量的水利石刻遺迹，仍然是黃河水信仰的重要載體，仍然傳承着黃河水文化。

其二是明清時期的治河名臣碑，如與明代的劉大夏、潘季馴、袁應泰等，清代的靳輔、陳潢、郭大昌等，以及民國時期的李儀祉等治河官員相關碑刻。他們多數并未完成由河臣到河神的轉化，沒有進入國家正祀。但是，這些名臣能官治河治水成效卓著，備受民衆愛戴；其去世之後，禮遇優渥，崇敬有加，被立祠刊石，緬懷祭祀。明清時期，黃河、運河沿綫有"大王"河神信仰，如金龍四大王、黃大王、栗大王、朱大王等，"若夫大王之神，則又古今來忠臣義士，或死於節烈，或生而靈异，或身爲河臣，名業爛然"（清光緒九年《重修大王廟碑記》）。其中，朱大王即清河道總督朱之錫，爲清代河臣。朱之錫任上治河有方，綢繆旱溢、疏浚堤渠、安瀾寧漕；其不辭勞苦，鞠躬盡瘁，終積勞成疾，于清康熙五年（1666 年）病逝。朱之錫死後，朝廷以國典從優，諭賜祭葬。民間自發對其悼念，黃河、運河沿綫還盛傳其爲河神，"豫河兩岸往往私自肖像立廟，稱爲朱大王"[2]。然而，此時朱大王信仰僅限于民間，并未成爲官方認可的河神，依然只是河臣。直至乾隆四十五年（1780年），封堵儀封決口後，阿桂以總河朱之錫治河功著，且屢屢顯應，奏請應如河南偃師黃守才，特賜位號。朱之錫被敕封爲"助順永寧侯"，完成了從河臣到河神的轉變。此後，沿黃、沿運各地紛紛建立祠廟，或單獨設立朱大王廟，或建立大王廟供奉神像。本書收錄的與大王相關碑刻，有助于研究探討河臣祭祀、信仰變遷、社會治理、商業貿易等問題，價值極高。又如，明河內縣令袁應泰在前代引沁灌溉工程的基礎上，帶領官民開鑿了廣濟渠，并制定了較爲完備的用水管理制度，造福一方百姓。明萬曆四十年（1612 年），爲了紀念袁應泰等，當地官民在沁水之畔建造了袁公祠。

[1] 清代注重治河，沿用明制，設立河道總督之職。各河道總督及其幕僚，以"河臣"之名立傳。我們收錄、整理的"河臣碑"，囊括了歷代治河有功之人相關碑刻。

[2] 錢儀吉：《碑傳集·河臣下》，中華書局 1993 年版，第 2178 頁。

（二）治水碑

明清時期，黃河流域河南段地區自然災害相對較多，特別是水害對人們的威脅較大。"黃河寧，天下平"，治理黃河、防範水患與國家治理緊密聯繫。如前所述，這一時期黃河改道、決口、淤積等多發生在豫中、豫東地區，給當地帶來災難，同時威脅到運河的安全。治河成爲明清河南乃至國家的重中之重。立碑記述治水、治沙過程，既體現了對治河的重視，起到"以爲表經"的作用，也爲後世提供了治河的經驗教訓，爲研究治河史、黃河變遷史提供了直接而詳盡的材料。

明景泰七年（1456 年）《敕修河道功完之碑》、正統十一年（1446 年）《于忠肅公鎮河鐵犀銘》、弘治十年（1497 年）《黃陵岡塞河功完之碑》，清乾隆二十六年（1761 年）《敕建楊橋河神祠碑》、光緒十四年（1888 年）《鄭工合龍處碑》等是不同時期治水碑的典型代表。

如前所述，清咸豐五年（1855 年），黃河一改宋元以來南流局面，自銅瓦廂決口北流。光緒十三年（1887 年）八月，黃河在鄭州下汛十堡（今鄭州市惠濟區花園口鎮石橋村）決口，主流奪賈魯河入淮，致使決口下游 15 州縣受災，災民 180 餘萬人。這是黃河北流之後，最早且最大的一次決口改道。黃河重歸南流，引發朝野對決口封堵的爭議。山東巡撫張曜認爲，黃河北流後，河道日益淤高，且河堤不夠寬厚，"擬請規復南河故道"[1]。而户部尚書翁同龢和工部尚書潘祖蔭從江淮經濟發展、漕運安全、社會穩定等方面考慮，主張堵塞鄭州決口，束水北流。最終，清政府傾向於北流方案，命兩江總督曾國荃、漕運總督盧士杰實地勘察，籌議"鄭州大工"。

然而事情的進展并不順利。是年九月，李鶴年被委任爲河南山東河道總督，總理堵口事宜，禮部尚書李鴻藻和河南巡撫倪文蔚督辦。三人在封堵鄭州決口的問題上意見不合，相互推諉，歷時半年而工未成。李鶴年被革職；李鴻藻革職留任，暫行署理河道總督。光緒十四年（1888 年）八月，吳大澂替代李鴻藻，署理河南山東河道總督，接辦堵口工程。吳大澂到任後查勘工程，日夜督工，引進先進技術，運籌帷幄，終於十二月十九日合龍。大工完成後，吳大澂手書勒石紀念，是爲《鄭工合龍處碑》。

《鄭工合龍處碑》碑陽隸書"鄭工合龍處"五個大字，碑陰篆書碑文，8 行，滿行 18 字。文字不多，言簡意賅，明確記述了鄭工堵築決口的過程，以及治理黃河的勞苦。自此之後，黃河北流河道基本定型，"爲當代黃河下游格局的形成奠定了堅實的基礎"[2]。

吳大澂（1835—1902 年），字清卿，號恒軒，又號愙齋，江蘇吳縣人，同治七年進士，授編修，歷任陝甘學政、河北道、太僕寺卿、廣東巡撫、河道總督、湖南巡撫等職。在治河方面，除了主持鄭工堵口外，他還提出"固灘保堤"的治河思想；大膽引進先進技術，提倡用水泥砌築磚石壩；采用西式新法測繪黃河圖，測量河道 1021 公里，繪就《御覽三省黃河全圖》。

我們搜集整理了河南省内現存的各種治水碑，這些治水碑從空間和時間上勾勒出黃河水文的歷史變遷、治河理念和方法的變化、民衆與水患鬥爭的歷史過程，等等。但是需要注意的是，明清時期黃河下游河道變化較大、水災較多，而治水碑一般都立於黃河兩岸，易受水災、水患、決口、改道影響，一些治水碑原碑已佚，僅存拓片或文獻記錄，殊爲可惜。

與前期相比，明清時期河南水環境總體上趨于惡化，人口大量增加，環境承載力較弱，自然災害頻發。水災之外，旱災、蝗災、瘟疫等威脅人們的生產生活。這些災害從某個方面反映和印證了黃河流域河南段地區的水環境變化，統稱爲"荒年碑"。本書總序中對荒年碑有較爲詳細的論

---

[1] 水利部中國水利史研究室：《再續行水金鑒·山東河工成案》，湖北人民出版社 2008 年版，第 2045 頁。

[2] 丁宏偉、薛華：《鄭工合龍處碑與近代黃河北流格局的形成》，《中原文物》2016 年第 4 期。

述，不再贅述。

（三）修渠井橋等碑

渠、井、橋等是流域地區最主要的水利設施或交通設施。傳統社會，開鑿渠井、建立橋梁，大都會立碑記載，以期繼美傳勝，彪炳後世。

明清時期，黄河下游幹流基本不具備開鑿河渠的條件，下游也没有了支流供引渠灌溉、航運。興修水渠、河渠主要在黄河中游支流沁河、伊洛河流域地區，以及黄河下游原流域地區，如前文所述的引沁灌溉工程的諸水渠，伊洛河流域地區的古洛渠、大清渠、新興渠、通津渠、大明渠、黄道渠、永濟渠、公順渠、順濟渠、宣德渠、玉梅渠、永昌渠、興龍渠等，原黄河支流洹水流域的萬金渠等。這些河渠如毛細血管一般，充分發揮了河流農田水利、城市供水、航運通商、防洪泄洪等功能，也改變了流域區域的水環境。

清嘉慶十年（1805年）《開浚洛嵩兩邑新舊各渠總碑記》和嘉慶十一年（1806年）《開浚河南府洛嵩兩邑各渠碑記》，詳細記述了河南布政使温承惠因應伊河、洛河兩岸百姓期盼，訪察舊渠源流，稽考故道，責成河南府水利通判楊世福督率民衆重修、創修伊洛河河渠的過程。其先後浚舊開新河渠二十一處，可灌溉農田二十余萬畝，成效斐然；又設立渠長、小甲，制定章程條約，完備水渠用水制度，"使歲不爲災，而民無乏食"。

明萬曆二十四年（1596年），林縣知縣謝思聰主持修建了長十八里的石砌水渠，匯集林慮山水，供沿渠四十餘村使用。當地百姓感念謝思聰功績，將渠命名爲"謝公渠"。我們收集整理了清乾隆二十三年（1758年）《林州合澗鎮謝公渠賣地契碑記》、光緒二十八年（1902年）《謝公渠重修碑》、民國十年（1921年）《重修謝公渠碑記》等，展現了400多年來謝公渠沾溉一方，造福百姓，林州官民感德謝公，飲水思源，修渠葺祠，永續水利的狀況。謝公渠對土厚石礄、多艱于水的林州地區來説，意義重大，但是，僅憑一渠之水，難以解決林州"大旱、連旱、凶旱、亢旱"問題。中華人民共和國成立後，林縣縣委借鑒謝公渠方案，帶領群衆開鑿了紅旗渠，自山西平順引濁漳水入林縣，才解決了"多艱于水"的問題。

河渠、水渠主要解決大規模灌溉用水，而井池則往往與人們的生活密切相關，兩者共同構成了傳統社會主要的水利終端。河南地區地下水位一般來説相對較低，穿井難度較大，需集合全族乃至全村之力而爲，常常出現鑿井立碑的狀況，其目的是使功績"不可污没，以致失于後世"，同時明確井水分配、維護管理、修繕保護等事宜。

橋梁溝通兩岸、便利往來，爲一方樞紐，掌控要津。橋梁直接面對河水、湖水的衝擊、侵蝕，又時常受到洪水威脅，易圮壞。一般的橋梁也非一家一户能够修造完成，同樣需要集衆人之力，有的橋梁甚至需要地方政府鳩工修造。創建、重建、修繕橋梁，也會立碑銘記功德，以垂不朽。修橋碑的内容主要有修造因由、修建主持、橋梁材質結構、修造工時費用、修橋功德等。自古以來，黄河幹流上的橋梁主要分布在中上游河道較窄、流速較緩地帶，如唐代洛陽東北的河陽三城河橋、陝縣北的大陽橋等。明清時期，黄河幹流河南段基本没有較大規模的河橋，修橋碑反映的基本上爲黄河支流流域地區河流的造橋情況。

浮橋是橋梁的一種特殊形式，"造大船若干隻，挨布河中，隨水上下"。浮橋形制較爲簡易，遇河水泛漲，可隨即撤去。因此，修造浮橋一般不立碑石。但一些重要津口，因河流條件限制，不宜修造木橋、石橋，只能度地勢順水性，建造浮橋，刊石立碑，功賞于後。明嘉靖元年（1522年）懷慶府立《懷慶府創建沁河浮橋記》碑，即如此。在一些水流湍急、波濤洶涌河段，或不適宜修建橋梁的地區，創造船隻，方便往返，也往往立石刊銘，以紀功德。

（四）水訴訟和水規碑

中國傳統社會是"以農爲本"的社會，人們的生產、生活與水的關係密切。明清時期，河南地區水資源相對匱乏，且分布不均。水利糾紛問題凸顯，水規水約作用突出。水利研究既要注重治河、水利工程、水利技術等方面，也要注重水利與政治、經濟、社會、文化等多方面的互動關係。水訴訟碑和水規碑是相關研究的重要材料和切入點。

明清時期黃河流域河南地區的水訴訟案件多發生于山區、丘陵區等水資源匱乏的地區，主要是爭河渠井池等水的分配使用。濱河地區還存在河流泛濫侵岸，致使灘地、淤地地界不清，産生訴訟。水利糾紛解決後，人們往往立碑記之，使時人和後人銘記而守。

水規碑是对河流、湖泊、渠道的管理以及使用規範等勒石以記的碑刻。地方用水規則、用水方案、用水爭端解決辦法等以規約、定例、章程等形式刊刻碑石，共同遵守，以期合理、規範使用水資源。水規碑的刊立能夠有效地減少、避免水糾紛、惡性爭水事件的發生。明清時期黃河流域河南地區水規碑的基本程式是：首先，表明立規緣由；其次，明確水資源範圍；再次，明列分水、用水規則，水渠、河道、湖泊等的維護與管理方法；第四，約定違反水規的解決辦法和處罰措施等；最後，注明刻立水規、守約人等（見清光緒二十三年（1897年）《大靖渠章程十二條》）。

水規碑與水糾紛碑往往是相互聯繫、相互交叉的。水規能够有效減少、避免水糾紛的發生。水糾紛有時是訂立、完善水規的動因。洛陽市洛寧縣城郊鄉冀莊村立有清代《永昌渠水條規碑記》碑和《永昌渠爭訟官斷碑記》碑。兩通石碑均已殘破不全，無法明確刊立的具體時間。從碑刻內容看，永昌渠引洛河水，灌溉沿綫經局、譚莊、高莊、南位、吳村等村。五村商定用水規約辦法，存于縣裏，同時鐫刻石碑，確保各村"無旱暵之虞"。然而訂立水規之後，各村民户、耕地發生變動，一些強霸謀騙者肆意違約。乾隆四十四年（1779年）六月，五村發生大旱，水資源更加緊張，用水矛盾激化，産生糾紛，爭訟報官。官府勘斷，認爲用水條規"碑文志典確鑿可據"，結案并將官斷刊刻于石，"爲後之無端滋事者鑒"。

水訴訟碑和水規碑以治水、用水爲中心，反映了明清時期基層社會的面貌。每一通水利碑刻都能够折射出地方社會治理、社會組織、社會關係、政治制度、經濟發展、水信仰、水文化等諸多內容。可以説，它們是瞭解明清時期基層社會的鑰匙。

（五）水信仰碑

農業生產活動對水的依賴性極強。傳統社會中，人們對自然水的認知不够科學、不够全面，在從事與水相關的生產、生活活動時，不可避免地産生一些超自然的認識，産生對水神的崇拜信仰。明清時期，黃河流域河南段地區的水神信仰主要是信奉、祭祀河神、河伯、龍王、濟瀆、金龍四大王、黃大王、朱大王、栗大王等。水神信仰大致可以分爲兩類，一類是傳説人物，早已完成神化，被官方承認的神祇，如河神、龍王等；一類是歷史人物，在明清時期已完成或完成了神化，得到官方認可，如金龍四大王、黃大王等。

明清時期以前，河神、濟瀆祭祀已列入國家禮制體系。我們收録了明景泰六年（1455年）《明代宗皇帝祭河神御製祭文》碑、清康熙二十七年（1688年）《清康熙二十七年御製祭文》碑、清康熙五十二年（1713年）《清康熙五十二年御製祭文》碑等。這些碑刻體現了國家層面的水信仰。

如前所述，朱大王爲朱之錫，由河臣神化爲河神。與之相似的還有栗大王。栗大王，即栗毓美，道光十五年（1835年）任河南山東河道總督，主持修築了河南原武、陽武一帶的黃河堤防。其采用磚壩，卓有成效，後人爲了紀念他，修建祠廟，稱其爲“栗大王”。朱大王、栗大王爲本朝官吏，他們在由人到神的轉化過程中，經過了較爲複雜的由民間信仰到官方承認的過渡。

黄大王，即黄守才，明萬曆三十年（1603年）生，洛陽市偃師區岳灘鎮王家莊人，出身平凡，自幼潛心于歷代治水方略，多次治水濟民。入清以後，黄守才首先在民間逐漸被神化，附會出諸多富有傳奇色彩的治水故事，甚至傳説其自幼神異，爲河神降世，能够一指退水、插柳封堵決口等。隨着黄大王信仰的傳播，黄大王廟、黄爺廟等祠廟開始出現，并迅速蔓延黄河中下游。康熙十八年（1679年），開封的黄河大堤塌陷，河南巡撫董國興親自到陳留河神觀祈禱，而河神觀裏供奉的就是黄大王神像。乾隆三年（1738年），沿河各州縣紳衿士庶紛紛請求，是年黄大王被敕封爲靈祐襄濟王，納入了國家正祀，最終完成了神化。開封、洛陽偃師、武陟、鄭州、濟南等是黄大王信仰較爲集中的地區，形成了一系列的祭祀、廟會活動。與朱大王、栗大王相比，黄守才出身平凡，由人到神的過程反映了清代民間信仰與國家正祀的互動。

金龍四大王信仰是河神大王信仰中最廣泛、最普遍的。金龍大王，原型爲南宋末會稽人謝緒。謝緒樂善好施，值兩浙大饑，散盡家財，隱居于金龍山；南宋亡國，投水盡節而死。至遲在明景泰年間（1450—1456年），金龍四大王已成爲國家正祀祭神，位列大河之神之左。最初，金龍四大王信仰主要是在臨清至吕梁洪的運河一綫，因黄河與運河關係密切，後又自東向西傳播至黄河下游、中游及衛河地區。至明代後期，該信仰已傳播至陝西、山西。[1]

明清時期，黄河流域河南地區氣候相對乾冷，祈雨抗旱壓力較大，特別是在山區、丘陵等地區。自古以來，中國就有向龍王求雨的傳統。這一時期，龍王、龍神信仰相關活動留存下來的碑刻衆多。碑刻記載了人們祈雨降福的前因後果、祈雨的過程、龍王龍神感應、歌頌神靈功績，以及創修、重修廟宇、舞樓，等等。龍王信仰雖然早已產生，也被官方認可，但主要的信仰活動在民間。除了上述信仰之外，民衆也結合地方信俗，祈求湯王、菩薩、玄帝、關帝等保佑風調雨順、消灾祛難。

黄河文化是中華民族的根和魂，鎸刻在碑石之上的水利碑文是黄河文化的重要組成部分。除了一些機構或組織較爲集中保存的水利碑刻外，多數碑刻散布河道沿岸、城鄉曠野，亟需系統保護，守好這份寶貴遺產。治河、治水很大程度上體現了國家、區域的治理能力和治理水準。黄河流域河南段地區水利碑刻資料蘊含着豐富的治河、治水經驗，蘊含着豐富的水文化，對實現黄河流域生態保護和高品質發展具有重要的參考價值。

朱宇强

二〇二一年八月

---

[1] 王元林、褚福樓：《國家祭祀視野下的金龍四大王信仰》，《暨南學報（哲學社會科學版）》2009年第12期。

凡　例

一、本書正文分碑刻圖版和碑刻録文兩部分。碑刻按立碑時間先後順序排列。立碑朝代、年號相同者，按月日順序排列；朝代、年號、月日相同者，按録文首字筆畫多少排列，少者前，多者後；首字筆畫相同者，再按第二字筆畫多少排列，以此類推。祇有朝代信息，無具體紀年信息的碑刻，置于該朝代碑刻最後，并按首字筆畫多少排列。

二、凡碑刻有首題者，以首題爲題目；無首題而有碑額者，以碑額爲題目；無首題、碑額，或首題、碑額不能確切表達碑文内容者，由編者自擬題目。爲便于檢索，題目使用通用規範繁體字。

三、凡碑額有題字者，將題字置于録文的首行，并在題字前加"〔碑額〕："。若碑額有不同内容的題字，則在中間空兩字間距，如"〔碑額〕：流芳百代　　日　　月"。

四、在每通碑文題目下，羅列立石年代、原石尺寸、石存地點等信息。立石年代中以年號紀年者，括注公元紀年。部分需加以説明的碑刻，在録文頁下予以注釋。

五、碑刻録文在忠實原碑的基礎上予以斷句標點，以利閱讀利用。

六、碑刻録文原則上使用通用規範繁體字。碑文中原存的現代通用簡體字，予以保留；碑文中原存的別字、錯字，如影響閱讀，在原字後括注正字；碑文中原存的半繁半簡字，諸如"証""継""覌"之類，改爲通用規範繁體字；碑中异體字，除地名、人名或有特殊含義外，爲閱讀方便，一般改爲正體字。

七、碑刻因年代久遠、風雨剥蝕及人爲造成的刮痕、石花及漫漶不清等致字迹無法辨識者，録文中用"□"符號標出；若連續多字無法辨識者，用"……"表示。

八、碑文中的施錢符號，録文中統一用"銀"或"錢"表示。

九、爲了保持録文體例的一致性，撰書者信息一般置于功德主信息前，木工、石工、泥瓦工、畫工、油漆工、鐵筆等工匠姓名，一般置于立碑時間前，立碑或撰文時間一般放在最後。

目　録

卷　一

兩漢魏晉南北朝

唐宋金元

黃河流域水利碑刻集成·河南卷　一

明（一）

黃河流域水利碑刻集成·河南卷 一

卷　二

明（二）

清（一）

黄河流域水利碑刻集成·河南卷 一

目
録

9

卷　三

清（二）

卷　四

清（三）

黃河流域水利碑刻集成·河南卷　一

目　錄

卷　五

清（四）

黄河流域水利碑刻集成・河南卷　一

卷　六

清（五）

民國時期

黄河流域水利碑刻集成 · 河南卷 一

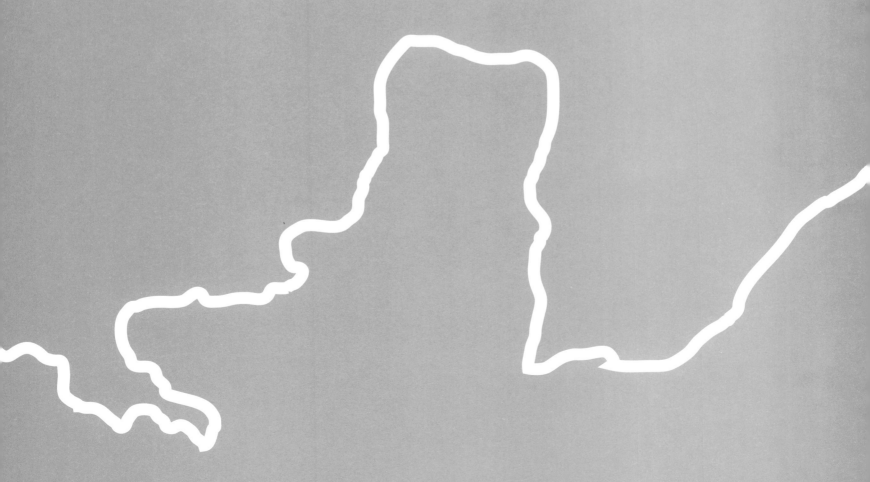

兩漢魏晉南北朝

1. 漢都鄉水利客舍約束券碑

立石年代：東漢永元十年（98年）
原石尺寸：高66厘米，寬61厘米
石存地點：洛陽市孟津區送莊鎮

永元十年十月十一日，都鄉□□□□徒掾老書言：虎觜大道東鄉内東曲里以東索渠石伯長渠省滿觜追捕盜賊。□雨多水泥，運道不通。使東曲里萬民保泥窩里外延徙土□道中卑下，通利水大道，以爲回水不上。治大道，傳後世子孫。時長吏王君即使東曲里父老馮盡發廿食客工籌值，寄波往之垠，其下通水大道，以爲之常保。時將作吏鄧預、張仲有隨渠約束。決取瓦石灰土置延中一箕以上，罰錢五百。若有寄客舍，主皆保任。當所發，宜出之。不肯出者，令主代出。不肯出，保人□□道通言語迡豫曲立于諸掌。有所治，大老父老祭尊……通□□主，近不來，罰廿，使人呼門□之□不會□□□會□□後衆人□倍其所……孫人□□出之。□□不肯出者，衆人□□□□大神弃□者，罰日百。共食□□如約束不在治延□中者，父老自使作彊夫。

〔注〕：東漢永元十年十月十一日刻，趙君平、趙文成編《河洛墓刻拾零》定名爲《漢都鄉水利客舍約束石券碑》。碑石共19行，滿行14、16字不等。郭玉堂《洛陽出土石刻時地記》記載，漢通水道殘碑，民國十九年（1930年），偃師西北鄉出土，經鍾黑妞售給羅振玉，陳淮生曾來洛運未果，石存洛陽。

兩漢魏晉南北朝

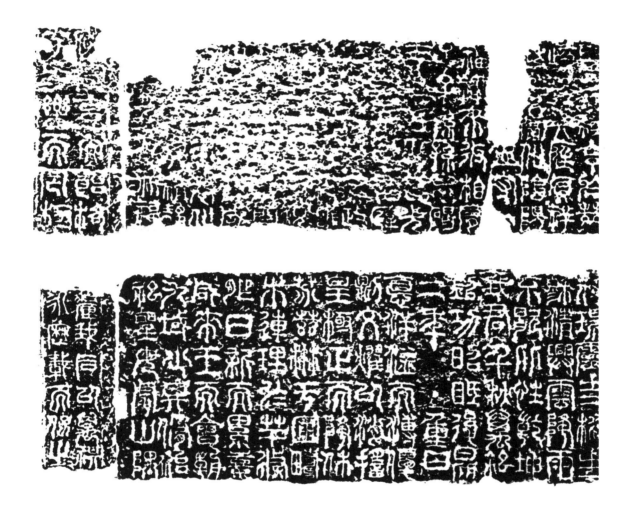

2. 開母石闕銘

立石年代：東漢延光二年（123 年）
原石尺寸：高 88.5 厘米，寬 231 厘米
石存地點：鄭州市登封市太室山南麓萬歲峰下開母廟遺址西闕北側

……闕，時大守京兆朱寵，□□□□□薛政，五官掾陰林、户曹史夏效，監掾陳修，長西河圜陽馮寶。丞漢陽冀秘俊，廷掾趙穆，户曹史張詩。將作掾嚴壽，佐左福。

□□□工，範防百川。柏鮌稱遂，□□其原。洪泉浩浩，下民震驚。禹□大功，疏河寫玄。九山甄旅，咸秩無文，爰納塗山，辛癸之間。三過亡入，實勤斯民。同心濟隘，胥建三正。杞繒漸替，又遭亂秦。□□□亨，於兹馮神。翩彼飛雉，止于其庭。貞祥符瑞，靈支挺生。出□弼化，陰陽穆清。興雲降雨，□□□盈。守一不歇，比性乾坤。福祿來往，相宥我君。千秋萬祀，子子孫孫。表碣銘功，昭眠後昆。三□□□，延光二年。重曰：

□□□而作辟，德洋溢而溥優。
□□□□□政，則文耀以消搖。
□□□□□雝，皇極正而降休。
□□□□□穎，芬兹楙于圃畴。
□□□□□閉，木連理於芊條。
□□□□□盛，胙日新而累熹。
□□□而慕化，咸來王而會朝。
□□□其清静，九域少其修治。
□□□□祈福，祀聖母虖山隅。
神靈享而飴格，釐我后以萬祺。
于胥樂而罔極，永歷載而保之。

〔注〕：開母石闕，又稱"啓母闕"，因避漢景帝劉啓之諱改名"開母闕"，是啓母塗山氏祠廟前的神道闕。東漢延光二年(123 年)由潁川太守朱寵等人興建，在嵩山南麓萬歲峰。該闕與太室闕、少室闕并稱"中嶽漢三闕"。開母闕爲土石建築，分爲東西兩闕，各闕又包括母闕與子闕兩部分，現存高度爲 3.18 米。子闕頂部已經遺失。闕身雕刻有宴飲、馴象、鬥雞、狩獵、出行及大禹化熊、郭巨埋兒等 60 余幅畫像。《開母石闕銘》在西闕北面，篆書 35 行，前 11 行，行 7 字，後 24 行，行 12 字，銘文詞意爲頌揚夏禹治水以及啓母的事迹。

《開母石闕銘》拓片局部

3. 堂溪典嵩高山請雨銘

立石年代：東漢熹平四年（175 年）
原石尺寸：高 48 厘米，寬 201 厘米
石存地點：鄭州市登封市太室山南麓萬歲峰下開母廟遺址西闕北側

……字季度。□□郡主簿，□□銘文。後舉孝廉、西鄂長。早終，叙曰：於惟我君，明允廣淵，學兼游夏，德配藏文，歿而不朽。實有立言，其言惟……

〔注〕：該請雨銘刻于東漢熹平四年（175 年），記載漢五官中郎將堂溪典到嵩高廟祈雨之事。銘文隸書 17 行，行 5 字，前 6 行已泐毀。

4. 西門豹除巫治鄴

立石年代：東漢
原石尺寸：長 157 厘米，寬 36 厘米
石存地點：南陽市南陽漢畫館

〔注〕：該碑于 1983 年 4 月在南陽市英莊鄉發掘出土。內容是西門豹治鄴過程中的"河伯娶婦"故事，見于《史記・滑稽列傳》。圖中右帶劍尊者是正在發號施令的西門豹，後隨者當爲屬官；中間所刻二位扛抱大巫的是吏卒，二人作投擲狀，欲將巫嫗投入河中，而巫嫗長髮，挣扎哀號。圖左所刻執笏者，或爲巫嫗之弟子，另一位或爲"河伯婦"跪地作拜。畫面生動地刻畫了"河伯娶婦"故事中將巫嫗投河的場面。

5. 河伯出行圖

立石年代：東漢
原石尺寸：高 46 厘米，寬 154 厘米
石存地點：南陽市南陽漢畫館

〔注〕：河伯出行，也稱魚車出行。河伯是中國古代神話中的黃河水神，商周以來，一直是祀典的主要對象之一。該圖係南陽王莊漢墓出土的畫像石拓片，前面有兩個執盾的武士引路開道，中間是四魚駕馭的帶頂車，車輪是渦旋狀的雲氣，車上坐着馭車手和乘坐者，車兩旁有兩條魚護駕，後面還緊跟着兩個騎魚的侍者。

兩漢魏晉南北朝

田始五年十月廿五日省治

道郎中且黨司徒悌監曰吏

司従揚位下曲陽吳放省

將作下偏英徒千餘人陽通治出

遊作夫橋閣鑒開石人門通一治所文

高都客秦八尺廣九尺長二文

開當部部垠軍工司馬馬陳留成有

開石門師河内司馬羌

6. 石門銘

立石年代：曹魏正始五年（244 年）
原石尺寸：高約 48.5 厘米，寬約 42 厘米
石存地點：濟源市克井鎮翁莊北沁河黑龍潭右岸太行山峰間

正始五年十月廿五日，督治道郎中上黨司徒悌、監作吏司徒從掾位下曲陽吳放，督將師匠侯徒千餘人，通治步道，作偏橋閣，鑿開石門一所，高一丈八尺，廣九尺，長二丈。

都匠木工司馬陳留成有，當部匠軍司馬河東魏通，開石門師河內司馬羌。

〔注〕：沁河古棧道，位于沁河穿越太行山的大峽谷之中，分布在濟源和山西陽城縣境內，棧道全長 90 千米。建于三國曹魏時期，是洛陽通向上黨地區的軍用糧道。石門銘詳細記載了魏正始五年（244 年）開鑿棧道的經過，與《三國志·魏書·鄧艾傳》中"大積軍糧，又通運漕之道"的記載相互印證，也爲沁河古棧道的開鑿提供了準確年代。

兩漢魏晉南北朝

7-1. 武德于府君等造義橋石像之碑（碑陽）

立石年代：東魏武定七年（549 年）
原石尺寸：高 180 厘米，寬 78 厘米
石存地點：焦作市博愛縣金城鄉武閣寨村湯王廟

……長夜襲其明；慧教……啓其目。是已神光未滅，感膺於西胡；金儀雖謝，夢現於東漢。抑亦慇……濟貫心，慈悲注意。歸依者塵霧莫侵，迴向者雷電不撓。信是苦海之靈丹，酷旱之甘露矣。

……禹懷譚之地，殷、周畿甸之土。晋啓山陽，鄭錫河後，隸趙稱都，入魏爲鎮，及秦吞六雄，跨……九服，項羽改名殷國，漢高復立爲郡。自兹以還，爲河内下邑。屬皇朝遷鼎，卜食漳濱，……武德郡焉。北通燕、趙，堂堂之風相洽；南引□、雒，穆穆之化□清。西瞻軹塞，則連山萬……長□□□，太行□□□。□□之□□□，舳艫之所湊集，□是一都之要害，實爲三……丹絶并納，勢等周原，美齊陸海。袂散成帷，人縈若繡，禮樂尚繁，風儀未革。然郡土遼……山，發於麻穀之口，滔滔□□，□紀懷方，引溉過於鄭白，流穢逾於汾、澮。但波漸臺雉……受害。至於秋雨時……馬牛雖辨，公私頓廢。有岨乘車之義，事切朝涉之艱。

……德郡事河南于子建、車騎將軍左光禄大夫平皋令京兆杜護宗、前將軍懷縣令趙……扶風馬周洛、珍難將軍温縣令廣寧燕景裕、征虜將軍郡丞東平吕思哲，或分竹……共治民瘼。況同睹艱辛，俱看危滯，一物可矜，納隍在念，敬思包鹿濟難之仁，俯……工術，且□沙彌訪津之愍勤。□□問俗，便獲□□。軌躅雖亡，遺柱在目。父……廢。

乃於農隙之月，各率禄力……文□，□懷熹願，七月六日，經始此橋……其功，共陳心力。至廿四日所……遘□□□擔之勞，未傷士民尺寸之木。……揭以插泉，華表鬱而軼漢。……綺蘭聯□而□□。引北山之……餘資昔伯度記功，勒燕然……林之□。□□之理雖殊，刊録……境，十國還匝，勁風電之力。若不歸□□□，□□神教，遠□□岸之喻，近取……之功虛爐。乃運石立碑，敬鎸圖像，窮般馬□□，□金戾之餙。使四部往來，起……會。其詞曰：

……此，用表在民。淵乎大覺，至矣能仁；行成元吉，德伏波旬。其一。芒芒禹績，眇眇桓功；爲魚……咸載，五等攸同；分疆敷土，俾侯樹公。其二。美兹舊甸，麗其新邑；憑帶山河，苞苴原隰。禮樂……蓊，潢流可挹。其三。粤余承乏，謬厠官方；政惠春雨，威愧秋霜。情深覆虎，意等納隍；慕彼醫……水，冀道名川；既難揭厲，又阻□船。爰始經謀，義勸競填；辰不再浹，斯構已宣。其五。落落太……去齊過牖。敬托三尊，資憑□□；仿佛彼岸，依稀可久。其六。

楊膺寺、金城寺、雍城寺、恒安寺、苟□寺、朱□寺、□令寺、諸師寺見風□以生悲，睹□□而興□，遂乃□□以□玄門……橋梁……膺寺……善之……

大魏武定七年歲次已巳四月丙戌朔八日癸巳建。

7-2. 武德于府君等造義橋石像之碑（碑陰）

立石年代：東魏武定七年（549 年）

原石尺寸：高 180 厘米，寬 78 厘米

石存地點：焦作市博愛縣金城鄉武閣寨村湯王廟

……內郡中正州西曹書佐張思賢、前州都司馬洪囧、旨授定州刺史馮雙安……旨授勃海太守張法安、旨授洛阳令张蓋周……

……張智□、馮務顯、張清虎、王顯□、文顯明、郭遵業、王元穆、王承業、王副賓、秦永貴、王洪畧、王迴憙、□珍寶、□珍貴、□元纂、呂榮族、□顯業、王文讀、程顯標、王金生、古子融、薛伏牌。

……樂□□、邢子□、郭義□、邢連□、王延和、王延明、桑思和、馬晞賢、孟待賢、尋市和、王延遇、王子尚、王思政、王景燦、張思集、王道廣、陶歸洛、黃永遵、□□□、孟子輝。

……史□□、王□□、張洪□、王始和、張顯穆、高思纂、尋元胤、王神和、王元貴、袁延康、王難迤、王慶先、馮仲連、李顯□……

□野□、祁延慶、古伏寶、□崇賢、□子畳、□景穆、李景和、賀伯和、桑元俊、王義和、史仲和、王市和、張當遷、監慶波、高元伯、張叔業、王顯貴、□惠各、□□□、鄭景□、程輝儒……

孫□□、張起宗、周乾輝、王清休、郭領孫、陶名遠、張貴和、祁智達、楊桃樹、樂買德、董景興、張法神、刑伯業、范景輝、馬大異、薛桃□、趙道□、張尚賓、蘭道成、宋方伯、梁勳戎、王淑業、宋市和、劉景伯、□洪儁。

……山子雲、薛義賓、李榮業、趙元和、馮延和、史起族、卑顯□、宋元達、王長休、王神惠、徐和生、祁景振、丘小才、馬元集、牛顯□、王法汰、許子休、卜淑珍、繁扭鵠、王野馬、馬天族……

□敬始、□□鬼、□□□、王□□、張始貴、宋子誕、董道和、張僧敬、馮元爽、薛洪達、邢小興、劉子雄、謝五達、韓舍興、賀景珍、郭元廣、王景輝、袁及先、王洪運、泠永初、續子輝、王元盛、董顯遵、朱神仲、李元暉。

張思祖、蘇方先、馮景伯、張山寶、楊元輝、楊山恒、張惡牌、趙樹兒、張延賓、李彌陁、劉方進、趙仵醜、衛顯義、張顏淵、高顯賓、衛溫和、韓胡牌、姚奚奴、史甄生、劉遵士、古顯哲、魏僧遵、任僧賓、公孫休、韓敬賓。

梁子剛、王伯醜、路思慚、程子巖、竺水寧、原子穆、王登生、馬静光、王醜婢、孫舍牌、續伯和、劉清仁、馬桃生、孫世遇、吳世榮、李敬賢、宋天開、□仲彥、吳學遵、无丘宗、張光業、馮清、繁龍騰、泠休纂、張世珍。

武德郡……州縣中正……都盟主張□賓、都盟主孟延貴、民望苟買牌、民望史文祖、民望姬舍族、郡兼功曹桑靈皓、宣威將軍王龍標。

□安樂、□天榮、□毛周、□承明、王文雅、馮通達、呂顯珎……等沐□真假之……苦……趣……

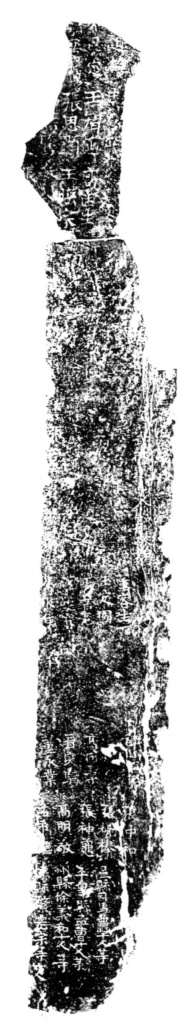

碑右　　　　　　　　　　碑左

7-3. 武德于府君等造義橋石像之碑（碑右、碑左）

立石年代：東魏武定七年（549 年）
原石尺寸：高 180 厘米，寬 78 厘米
石存地點：焦作市博愛縣金城鄉武閣寨村湯王廟

碑右（上數列全泐，存者尚有五列）

□□□□

□客生、王定國、王子□、□□賓

師豐洛、高修□、晋突騎、董永業

張仲和、張桃棒、張神龜、高明敬、孟□德

溫縣司馬龜十人等、平皋縣孟曹十人等、州縣徐義和十人等、懷縣繁羌宗十人等。

碑左

□□□□像作樂僧標、明威將軍賈會興、民望高興安、民望郭惠相、□中正賈奴□

文貴、公孫榮興、民望史族洛

□□□、□元茂、呂市□、張□寶、袁子康、繁華茂、馮阿□

□伏□、路伯兒、高海岳、張伯達、邢團頭、王孝翊、司馬思纂

民望土豪董遵、都盟主董欽、民望土豪秦先、民望土豪秦永遷、天宮主馬輔國、天宮主郭子獻。

天宮主旨授下關、天宮主馮□虎、天宮主郡功曹賀穆、天宮主兼主簿文明、天宮主郡功曹王神和、天宮主郭賢、天宮主高顯賓。

天宮主兼主簿周輝、天宮主兼郡功曹盧惠銀、天宮主防郡都督張伏敬、前補郡功曹張思禮、平遠將軍白衣左右董延和、民望土豪董方和。

8-1. 西門君之碑頌（碑陽）

立石年代：北齊天保五年（554年）
原石尺寸：碑額高47厘米，寬40厘米；碑身高160厘米，寬110厘米
石存地點：安陽市韓王廟

〔碑額〕：西門君之碑頌

自夫清剛儷以分宿，沈濁判其□□。□瀆爲……羲栗襄葛之年，炎軒昊頊之□，□□□瑞……合逾千國……壅水震九州，巑割七雄……國之君……子昌言而爲任，西門厲精而□宰，□拒比……積倉府。戎車北首，侵□南□。□□□臨事，簪……首列城歸目，於是生致□祝之禮，歿貽棠杜之……子託葬，存稱惠主，死曰明神。所以年世經關，風俗……蓋魏氏季年，日銷地反，投蜺不息，□馬盈空，□自金□……太祖獻武皇帝，合制斗墨，放□□□，翦凶……增威，一□□社，再祠絶……用萬方。……猶存，式□□宇，雅……成林椒……世宗文襄皇帝……壟路荒燕，祠堂凋□……橑膠枷鯨蟻旁……獨邃……水，仙鳥鳴……尊神尚德……皇上官府□物……禀賦靈性……常流，蔽雲自卷，仙琯恊律，□巹迎神，文欄……牛於陰山，風逸驥於桃塞。捐金抵玉，菽粟……宸鑒斯揆，使持節、驃騎大將軍、開府儀……之一帥，執刺都輦，標榜九牧，馴禽弭……晋。崩離殊類，竊假畏威，仰德堅碑在……言，僭迹掃地，不遺委贄，興王恭承……而□絶，望黃岑以俱峙，其詞□：

星精旁散，漢津橫瀉。山峙□□……侮弱憑强。魏侯趣士，民□□□。……存祀四時，亡哀百贖。始□□□……□人授手。□世謀居……天子赫赫，□數在躬。……□親蕃幹……

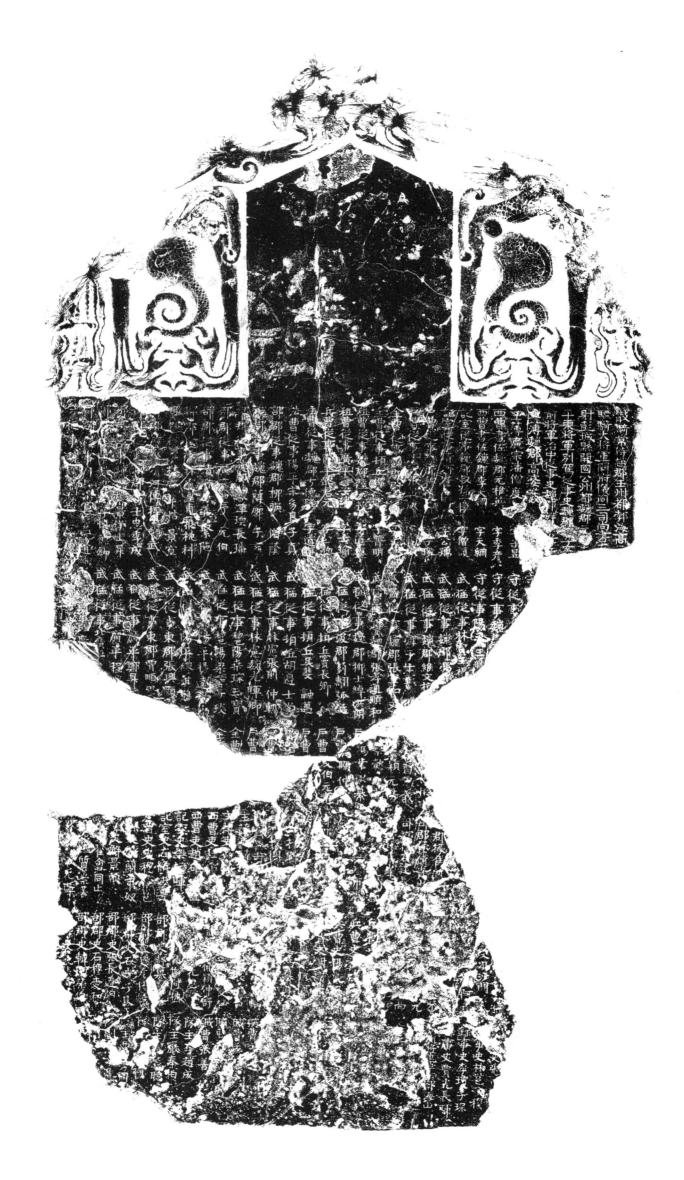

8-2. 西門君之碑頌（碑陰）

立石年代：北齊天保五年（554 年）
原石尺寸：碑額高 47 厘米，寬 40 厘米；碑身高 160 厘米，寬 110 厘米
石存地點：安陽市韓王廟

散騎常侍趙郡王州都勃海高□；驃騎大將軍開府儀同三司尚書□□；射彭城縣開國公州都魏郡元□；平東將軍別駕從事史魏郡□子容；前將軍治中從事史魏郡鮮□□；主簿魏郡高婆藪，□□□；主簿廣宗潘僧度，字子昱；西曹書佐魏郡元稚英，字季彥；西曹書佐魏郡李天綱，字天綱；記室從事魏郡叔孫子慎，字僧護；記室從事清河崔偁，字公孺；戶曹從事魏郡穆遺□，字子徽；戶曹從事□□張□□，□□□；金曹從事魏郡尉□□，□□□；金曹從事頓丘郡李□，字普明；租曹從事魏郡陸元茂，字道盛；租曹從事廣平□子璠，字士瑜；兵曹從事□平路君元，字公黎；法曹從事魏郡于德隆，字道□；法曹從事陽平宋幼良，子真；部郡從事魏郡柳映，僧蔭；部郡從事魏郡薛廓，子玄；□郡從事魏郡□渾瑣，長璠；部郡從事廣宗□序，元伯；部郡從事清河□義緊陁；部郡□□林□皇甫蘷，桃科；部郡從□林慮辛桔，景宣；部郡□□清河傅擇，字尚武；□□□□□郡苟士忠，季成；□□□事□□□景漢，字士昇；□□□事□□□子慎，德卿；□□□事□□宣，字元道；□從事魏□□懿，字□□。

……守從事……；守從事魏……；守從事陽平王順，□□；武猛從事林慮王□，□□；武猛從事魏郡馮□，□□；武猛從事魏郡緱文□，□□；武猛從事淳于士彰，□□；武猛從事魏郡張宣和，文□；武猛從事魏郡張孝通，順和；武猛從事魏郡柳士綽，洪朗；□猛從事汲郡蒯翻，弧誕；武猛從事頓丘竇，長卿；□猛從事頓丘吳斐，融邁；武猛從事頓丘胡遵，士□；武猛從事林慮張則，仲軌；武猛從事林慮魏光，暉卿；武猛從事黎陽桑琛，三寶；武猛從事黎陽梁□，子琰；武□□□陽平楊逑，□□；武猛從事陽平繆淇，□□；武猛從事東郡張興，顯□；武猛從事東郡賈順，思□；武猛從事廣平鄭昇，□□；武猛從事廣平程□，□□；武猛從事北廣平□□，□□；……

……習，思義；□□□□穎，元俊；□□□□懿，□□；□□□馮業，洪纂；戶曹□陰顯，仲□；戶曹□□□伯，元□；戶曹……□曹……；戶曹……；金曹……

……郡掾侯遵，□□；部郡掾聶貴，□□；部郡□石建，□□；……主簿吏□世，□□；主簿吏……；西曹吏杜□，□□；西曹吏趙□，□□；記室史樂□，暉□；記室史左修，洪遵；□曹史史穆，□□；□曹史□蘭，市奴；□□史解景馥；□□□翟會，同止；□□□□質，崇善；……元璋。

……沙門；……阿，……高……兵曹史……兵曹史楊……穎，仲舒；……阿桃；部□史郝纂，□□；部□□田彥……；部郡史石□子，良；部郡史張長遵，伯；部郡史石穆，愛和；部郡史韓□，榮伯；……

……史張……事史林邕，子穆；□事史李瓊，子琛；□事史賈光，長暉；□□將軍軍主郗海山；賊曹□□□；賊曹孟□□；賊……；賊曹張善；隊主李趙成；隊主嚴奉伯；隊主□道聰；隊□□□隆；……

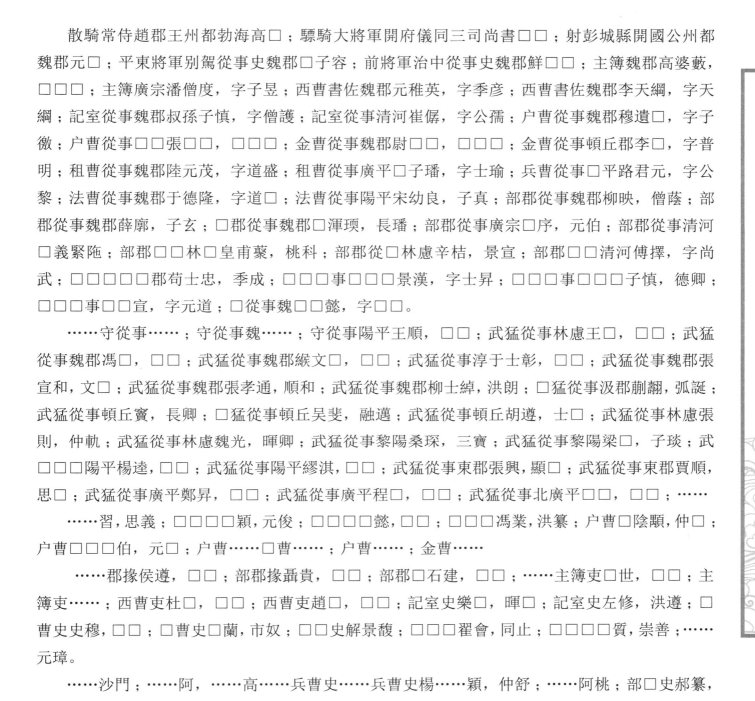

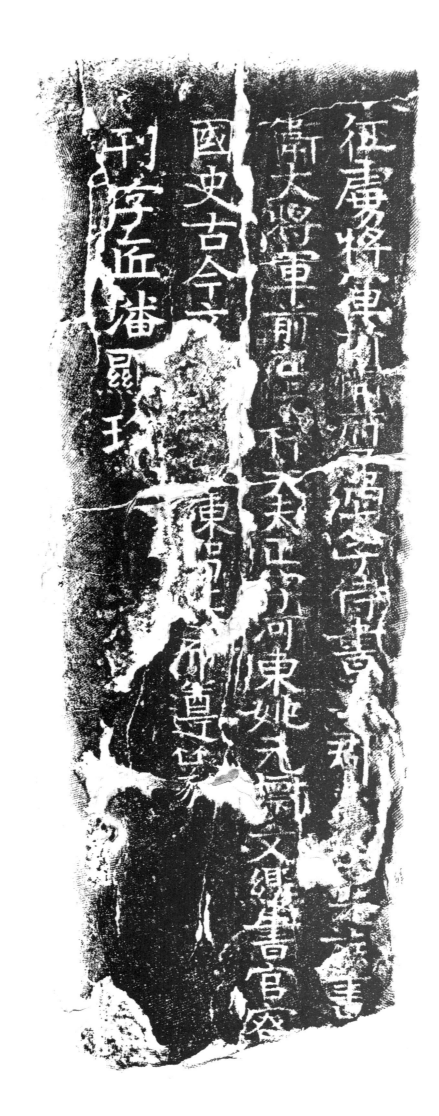

8-3. 西門君之碑頌（碑左）

立石年代：北齊天保五年（554 年）
原石尺寸：碑額高 47 厘米，寬 40 厘米；碑身高 160 厘米，寬 110 厘米
石存地點：安陽市韓王廟

征虜將軍前開府屬太子侍書□郡□□光族書□，衛大將軍前右光禄大夫正字河東姚元標文□書官寮，國史古今……陳留□希遵篆，刊字匠潘顯□。

〔注〕：姚元標，魏郡人，北齊著名書法家，官至衛大將軍、右光禄大夫。《北齊書》卷四十四《張景仁傳》、《北史》卷二十一《崔宏傳》和顏之推《顏氏家訓·雜藝》等都記載"姚元標以工書知名於時"。

8-4. 西門君之碑頌（碑右）

立石年代：北齊天保五年（554 年）
原石尺寸：碑額高 47 厘米，寬 40 厘米；碑身高 160 厘米，寬 110 厘米
石存地點：安陽市韓王廟

□□天保五年歲次甲戌，中軍將軍……

〔注〕:《西門君之碑頌》，或名之爲《西門豹祠堂碑》。原在安陽縣豐樂鎮村東的西門豹祠中。清乾隆四十四年（1779 年），彭光一任知縣，將此碑移置于縣城隍廟。民國元年（1912 年）夏，范壽銘出守彰德，訪得此碑時，惜已折爲數段，委弃藩湢，翌年移置于新創建的安陽古迹保存所（文昌宮），并砌以瓴甓，以蔽風雨。1933 年又移至縣東街的蕭曹廟。後佚。2005 年夏，維修蕭曹廟時該碑出土，後遷至韓王廟内。

兩漢魏晉南北朝

唐宋金元

9-1. 衛州共城縣百門陂碑銘并序（碑陽）

立石年代：武周長安四年（704 年）
原石尺寸：高 162 厘米，寬 84 厘米
石存地點：新鄉市輝縣市百泉衛源廟

〔碑額〕：百門陂碑

衛州共城縣百門陂碑銘并序

昔者結而爲山嶽，融而爲江海。炎上作苦，實表陽九之德；潤下作鹹，克明陰八之數。上泄雨露，純陽流霑之道也；下疏川瀆，凝陰潤物之理也。是雨露爲長物之本，川瀆爲潤物之宗，故稱之以靈長，亦賴之以通濟，則知水之爲□其大矣哉！百門陂，案《水經》：出自汲郡共山下，泉流百道，故謂百門。會同于淇，合流于海，魚鹽產利，不可談悉。爾乃□溫夏漁，飛湍漱沫，負群岩以作固，涵細溜而成廣。酌而不竭，挹之弥冲，帶蘇門以霧杳，望太行而烟接。借如楚國雲夢，廬峰太湖。樊丘之隈，小溪抱寒而永注；東海之外，大壑漻流而靡極。上有崐嶺四水、陽山二泉，叙浦見美於□□，蓬池久通於汴邑。斯并昭著方册，備經綿世，分派雖眾，爲利不弘。豈與夫導源迅激，積潤潛涌，比魏代之龍号，□□官之雁名。或以熨斗標奇，或以玄武爲稱。仙公卧隱，聞諸抱朴之篇；叔度凝清，出在林宗之論。洎夫洗累蕩穢，揚□激濁，所以顯乎義也。浴及群生，澤流萬祀，所以昭乎仁也。弱而難勝，即其勇也；變盈流謙，即其智也。以此四德，以□萬生，悠悠既湊，滔滔不息。加以背險絶，面形勝，奔溜暴灑，層波疊躍，或沃日以收瀲，忽因風以作濤。其利也，則商□畎澮，吐纳疆場，蓄爲屯雲，泄爲行雨，沐時稼以俱就，喜年穀之屢登。其清也，則湛若狐澌，净猶蟾魄，可以洽洗耳□樂，興濯纓之歌，皎鏡不限於冬春，洞澈無隔於深淺。其險也，則仰眤崇岫，俯臨遐潭，澗壑窈窕而助形，葛蘿□沈□增峻。其神也，則不行而至，不疾而速，惟慌惟忽，若有若無，禎應克著，休祥間發，無幽不顯，有感必通。祠堂滿陰，靈□周險，每至玄律，既謝韶陽。肇開紫鶯嬌春，紅蕚笑日，申祈者倏來忽往，奠祭者烟交霧集。綺羅褥野，遠增芳歲之□；泉瀬吟吹，闇合雲穌之音。樂哉，盛哉！抑亦曠古之异迹也！

縣令曹府君諱懷節，仞宇峻邈，德聲昭宣，軒軒霞容，湛湛海量，夙明撫字之要，載縮弦歌之秩。虞君苾俗，已創三科；滕令移風，時兼六縣，可謂愷悌君子，人之父母者也。丞□顗，德量冲遠，器業通明，抱信以居忠，養真以凝粹，光八顧之清範，韜七州之敏學。主簿程列，剛毅有斷，攝謙自牧。□□表，霜雪其操，芝蘭其芳。尉霍南金，不受私謁，閑於公政。頃以西郊失候，南畝思澤，未浹滂沱之潤，尚勞雲漢之□。曹君恤人疾苦，傷時稼穡，躬率僚佐，親祠廟壇，叩頭流涕，拜手啓祝，曰：懷節濫司銅墨，時屬炎陽，思與幽冥，實□□祐。若商羊起舞，報以牲牢；如川燕不飛，覆其焚燎。於是樽俎具列，弦歌三請，下湘君於鱗屋，水馬吹泉；期太一於□館，雲魚噴浪。俄而景睍昭發，飛甘驟□；□符三□之請，頗叶一旬之驗。或時獨雲鬱起，密雨晦飛，又以啓晴，應時□霽。豈不以至誠允切，神道遥徵，故得歲阜人和，風行草偃，休咏盈於道路，美聲逸於都鄙。雖復江陵滅焰，維氏祈□，何以加也！

其廟有二古碑，篆隸磨滅，不可復睹。鄉望前泗州徐城縣尉樂處機，獲嘉公賈粗光古，録事隗允、張明、張福等，或鳬弈簪履，或優游耕鑿，擊壤食太平之粟，長歌悦文明之代。僉以爲百門之利，千載無易，增修舊烈，不亦可乎！猶恐歲光忽變，靈迹無紀，式刊翠琰，將表鴻休。乃作銘曰：

陰□潤下，德稱靈長。既成物而弘濟，□發源乎濫觴。涵仁不測，垂利無疆。廣矣浩浩，濞焉湯湯。郿衛之野，共山之下。爰出靈泉，洗霧游烟。禎應昭顯，祠堂（歸）然。神樂泠吹，珍羞迥筵。分派逾廣，飛湍靡極。吐納堤防，周流稼穡。序迫炎亢，時乘播植。幾勞雲漢之篇，徒望湘濱（之）翼。曹君爲政，樂不可支。敬羞蘋藻，式薦靈祇。景既潛發，浮甘遠泊。允符束皙之请，豈謝劉琨之异。蕤賓在月，穀雨盈旬。酌彼行潦，薦於明神。稽首请止，獲霽於長。天長地久歲不留，刊石纪銘表，禎休□□，□凌千秋。

前□□進士隴西辛怡諫文，張元琮記。

孫去煩（書）。

□□玄長安四年九月九□□。

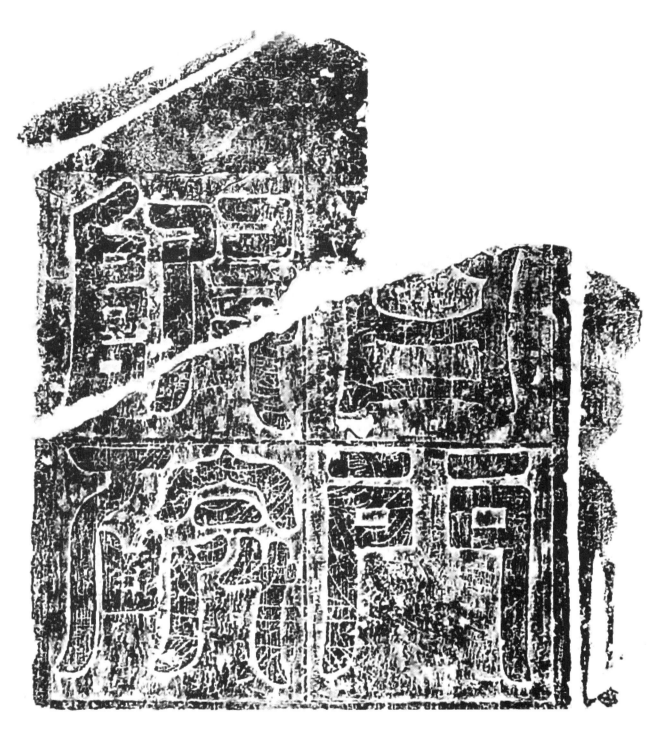

《衛州共城縣百門陂碑銘并序（碑陽）》拓片局部

9-2. 衛州共城縣百門陂碑銘并序（碑陰）

立石年代：武周長安四年（704 年）
原石尺寸：高 162 厘米，寬 84 厘米
石存地點：新鄉市輝縣市百泉衛源廟

　　長安二年夏五月，州符下縣祈雨。六月一日，公□祠，令□先祈社稷，遍祈山川，躬臨廟壇，親自暴露。其時，西北山頂有雲團團而上，雷起巖突，電發墻蕃，須臾之間，降雨一境。當共七司佐廉謹、郭敬，里正郭仙童、賈□，鄉望焦德貞、魏夷簡等，父老光温古上詩賀公曰：錦色陳川后，絲雨降桐鄉。又三年春四月，祈雨，公至誠啟請如前。是時，雲從食門山起，俄而驟雨盈郊。當共錄事隗弘允，七司佐楊讚、耿格等，里正高延斐、李儼、孫九兒，坊正郭貞、郭□，鄉望光古、賈祚等同祈。又四年春三月，時雨不晴，農蠶有廢。四月七日，共主簿程列、倉督張行璋、佐郭敬、李元，里正張機、張纂、張昱，村正郭思敬乞晴，應時獲霽，得畢蠶麥。始雨，又晚夏雨多，至七月七日，共七司佐、錄事隗允等乞晴。十日，當時雨霽，得如所願。其日有瘿陶縣令尔朱昂，寄莊貝州臨清縣令蕭衷輔。又秋八月，霖霪逾月，不得收刈。邑老隗芝玄、王大生請公乞時，冒雨而臨祠壇，端笏啟請，顧仰山河乞晴，百姓畢其收刈。應時雨止。共七司佐□守義、張虔明、廉思昉，市史齊山，里正馬宏節。

　　五月十日，前南岳齋郎趙不爲詩曰：調弦敷廣惠，濟物被深仁。七月廿三日，文林郎王堅詩曰：良宰多憂憫，虔誠謁庶神。文林郎王鉉詩曰：雨似隨車至，雲疑逐蓋飛。武聖縣尉成公簡詩曰：隨軒感仁惠，應日灑甘滋。成均進士李大寶賀晴詩曰：陽曜求便灑，陰霖請復晴。趙不爲喜晴詩曰：晴暉疑兆夢，甘液類隨車。

　　丹青人李元勛、劉廷玉。鐫字人新鄉縣高思禮。

　　（左右兩側爲人名，不易辨識，略而不録）

10. 唐周公祠碑

立石年代：唐開元二年（714 年）
原石尺寸：通高 244 厘米，碑首高 64 厘米，寬 90 厘米，厚 25 厘米
石存地點：洛陽市偃師區偃師博物館

〔碑額〕：周公祠碑
周公祠碑并序

原夫陰陽不測之謂神，變化無窮之謂聖；聖也者，範圍天地，備萬物而不有其功；神也者，探賾窈冥，降百祥而不矜其德。持太元之斡運，日月齊明；振中古之暮猷，乾坤合度。盛業冠於百代，美化流於四國。其生也，藉我爲光輔；其逝也，薦我爲明靈。所謂有始有終、可久可大者也。公字朝明，文王之子、武王之弟、成王之叔父也。昔堯臣以披□踐祚，初開相地之宜；殷伯以積德累仁，終剪格天之業。登太極而承元吉，資中和而誕賢聖。知微表於幼顏，繼體分于正氣。兵戈已偃，西周之歷數攸歸；宅土□封，東魯之衣冠允集。故能勤勞家國，翊亮台衡。植□珪璧而拜三壇，御冕旒而朝萬寓。鴟□救其衰亂，狼跋明其終始。尊嚴其父，孝理也；炯誠其子，卑牧也；七月艱難，陳業也；三年征伐，叙功也。復子寶位，不虧忠敬之誠；開我金縢，乃得風雷之意。於是測四方以定都邑，分六職以明典刑。制□□□安上理人，則俎豆之法行，揖讓之儀備；制大樂以移風易俗，則和感之音暢，舞咏之情宣。詳八卦而究精微，演六爻而告疑滯，所謂極深研精，立功成器，以爲天下利者也。敢問先王之德，何以加於斯乎？若乃示諸仁，藏諸用，道藝可以激揚今古，軌模可以粉澤人倫，懸寓焕然，不假一二談也。嗟乎！天道有盈虛，人事有存没。猶使百年黎庶，讐軒帝之威靈；四序蒸嘗，用君王之典則。非天下之至聖，孰能與於此哉？

偃師縣祠堂者，按《圖經》云，後人懷聖恩所置也。負陽岑之巖險，面通谷之縈紆；四水以爲川，二室以爲鎮。重檐累栱，登玉户而三階；洞室迴廊，列金楹而四合。壽宮蕭蕭，備物嚴嚴，宛若居攝之仁明，穆如行化之易簡。孝若之徘徊庭廡，未足贊其精微；靈均之倦郤階除，不能訶其怪異。《易》稱王假，所以致孝享；《詩》稱天作，所以祀王公。崇敬則遐邇同臻，嘉祥則賢愚共被。若乃日之吉，辰之良，銀鞍繡軸溢通莊，會舞安歌紛滿堂。樽酌奠兮藜桂，珍鏘鳴兮琳琅，下禱戴兮介福，上歆馨兮樂康。雖盛凝之持戒練心，傾惟不怠；劉長之去邪歸道，拜謁逾勤。正直聰明，於是乎在。粤以癸丑秋末，迄于甲寅夏首，西郊不雨，南畝亢陽。八溪以眺渚濱河，罕植青草；九重以握□沉璧，屢命皇華。闕□無鶴立之歡，田夫有狼顧之懼。尹上柱國武威縣開國子隴西李傑，山河間氣，廊廟宏材，允四海之具瞻，裁三川之景化。西京佇潤，稍□分陝之郊；東都思理，再臨惟洛之邑。奸豪懲而疑滯剖，鰥寡悦而禮義行。德澤布□，頌聲洋溢。正議大夫行少尹護軍彭城劉禎、正議大夫行少尹上柱國博陵縣開國男崔玄□□星象之奇，衣冠之秀。器惟經國，文藝襲於班揚；道以匡時，令望升於臺閣。佐官司録柳齊物等，并陟遐自迹，始當州府之勞；擇士用才，終踐公侯之望。朝請大夫行令博陽縣開國男彭城劉體微，金枝玉葉之門，上善通賢之量。歷霜臺之鯁直，闡雷邑之風□。德義□欺，兼并自息。通直郎行丞王鈍、朝議郎行主簿李循古、承議郎行尉崔延祚，莫不珪璋比德，麟鳳成文，藏用於東畿，安卑於西亳。咸以分官濟俗，共理經邦，欽若皇情，特憐黔首。吁嗟廟宇，申至理之馨香；拜起靈壇，奠明祈之蘋□。誠敬如在，神聽無違。言未畢而布油雲，禮未終而澍甘液。三農有慶，八政……而家邦可制。非聖人之利物，豈能與於

此者？是有黃髮兒齒之徒相与而稱曰：昔文翁以化漸蜀川，猶存古廟；子產以政行鄭國，尚列遺祠。況公道德均兩儀，神靈庇萬代，而頌章斯缺，盛事莫傳？蒙少忝青襟，晚紆黃綬。勤誠不夢，豈吾道之將衰；游踐難言，冀斯文之未喪。頌曰：

伊太初兮惟混惟茫，暨中古兮無制無防。大忠勤國兮輔我君王；至道被物兮郎□典章。乾坤可測兮陰陽會合；威儀不差兮禮樂鏗鏘。上德既喪兮，先靈如在；下人蒙庇兮，遺惠不忘。春夏炎赫兮，銷流金石；官寮祈請兮，拜伏壇場。神聽之兮密雲已□□□□兮，零雨其滂。喜大田之多稼，望高廩之盈倉；羞蘋於祭禮，建碑頌於祠堂。松柏森沉兮歲久，烟霞□□兮山荒；謁明神於此地，降福祚之穰穰。

朝議郎行偃師縣尉賈因義撰。

大唐開元二年歲次甲寅□二月甲寅朔五日戊午建。

上柱國子□□□□□鎸勒。

《唐周公祠碑》拓片局部

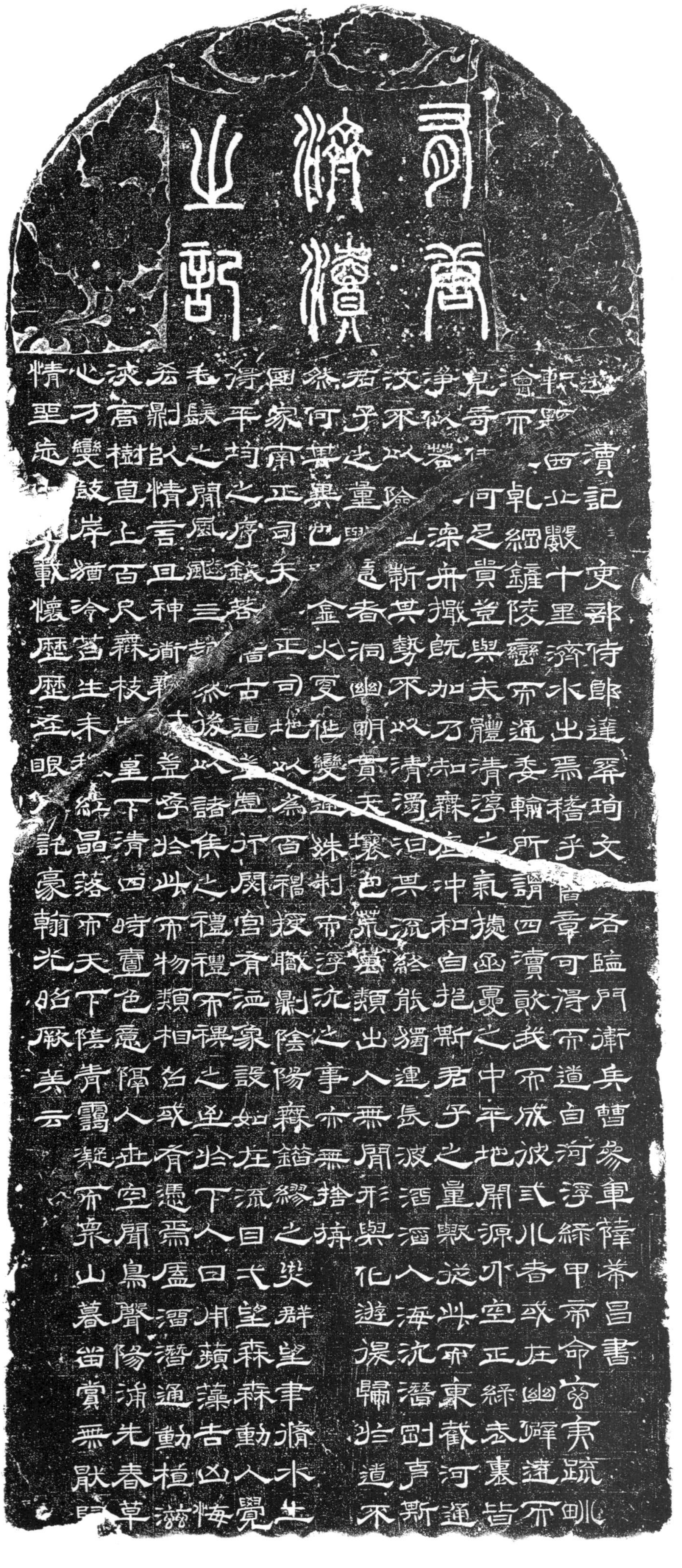

11-1. 游濟瀆記（碑陽）

立石年代：唐天寶六年（747 年）
原石尺寸：高 165 厘米，寬 65 厘米
石存地點：濟源市濟瀆廟

〔碑額〕：有唐濟瀆之記
游□瀆記

　軹縣西北數十里，濟水出焉。稽乎舊章，可得而道。自河浮綠甲，帝命玄夷，疏刊澮而□乾綱，鑱陵巒而通委輸。所謂四瀆資我，而成彼三川者，或在幽僻，遠而見奇，□何足貴？豈與夫體清淳之氣，據函夏之中，平地開源，分空正綠？表裏皆净，似若□深，舟檝既加，乃知無底，冲和自抱，斯君子之量歟！從此而東，截河通汶，不以險阻折其勢，不以清濁汩其流。終能獨運長波，滔滔入海。沉潛剛克，斯君子之量歟！意者洞幽明，貫天壤，包荒萬類，出入無間，形與化游，後歸於道。不然，何其異也？□金火更作，變通殊制，而浮沉之事，亦無捨旃。國家南正司天，□正司地，以爲百神授職，則陰陽無錯繆之灾；群望聿修，水土得平均之序。欽若稽古，道豈虛行？閟宮有洫，象設如在，流目一望，森森動人，覺毛髮之間，風颷四起。然後以諸侯之禮，禮而祀之。至於下人，日用蘋藻，吉凶悔吝，則以情言。且神道無方，豈存於此？而物類相召，或有憑焉。廅溜潛通，動植滋液，高樹直上，百尺無枝，□篁下清，四時壹色。意隔人世，空聞鳥聲，陽浦先春，草心方變。□岸猶冷，苔生未穩。紅晶落而天下陰，青靄凝而衆山暮。留賞無厭，歸情坐忘，□□載懷，歷歷在眼，庶托豪翰，光昭厥美云。

　吏部侍郎達奚珣文，右監門衛兵曹參軍薛希昌書。

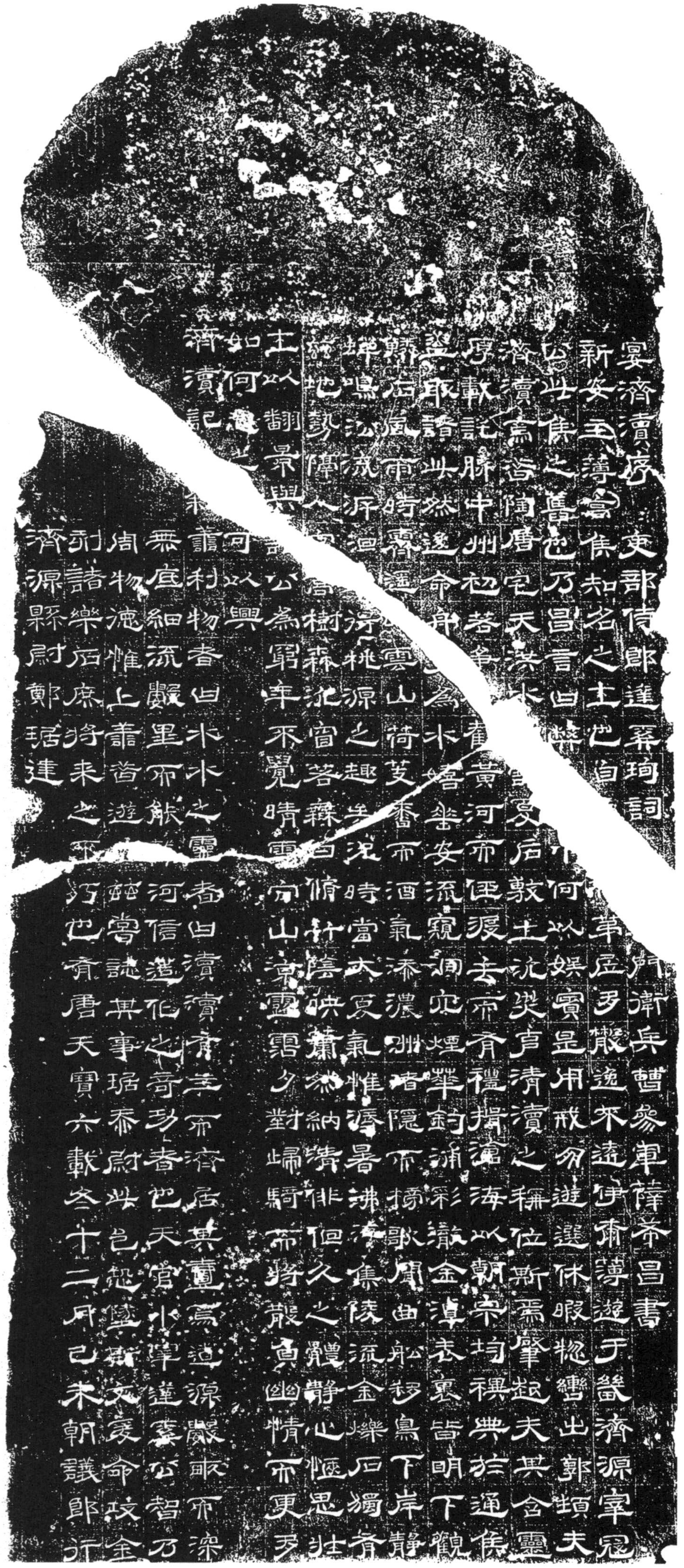

11-2. 游濟瀆記（碑陰）

立石年代：唐天寶六年（747 年）
原石尺寸：高 165 厘米，寬 65 厘米
石存地點：濟源市濟瀆廟

宴濟瀆序

新安主簿高侯，知名之士也。自□□□第，居多散逸，不遠伊爾，薄游于畿。濟源宰寇公，此侯之舊也。乃昌言曰：弊□□□，何以娛賓？是用戒朋，游選休暇，總轡出郭，頓夫濟瀆焉。昔陶唐宅天，洪水□□，夏后敷土，沉災克清。瀆之稱位，斯焉肇起。夫其含靈厚載，託臍中州。初若爭□，截黃河而徑渡；去而有禮，揖滄海以朝宗。均祀典於通侯，蓋取諸此。然後命舟子，爲水嬉，垂安流，窺洞穴，烟華釣浦，彩澈金潭。表裏皆明，下觀鱗石，風雨時霽，遥□雲山。荷芰香而酒氣添濃，洲渚隱而榜歌聞曲。船移鳥下，岸静蟬鳴，沿流溯洄，□得桃源之趣矣。況時當大夏，氣惟溽暑，沸海集陵，流金爍石。獨有兹地，勢隔人寰。高樹森沉，窅若無日，修竹陰映，蕭然納清。徘徊久之，體静心愜。思壯士以翻景，與□公爲窮年。不覺晴雲向山，凉露沾夕，對歸騎而將散，負幽情而更多。如何志之？□可以興。濟瀆記□叙：

善利物者曰水，水之靈者曰瀆，瀆有四而濟居其壹焉。道源數畝而深無底，細流數里而能□河，信造化之奇功者也。天官小宰達奚公，智乃周物，德惟上善，昔游□兹，嘗誌其事。琚忝尉此邑，恐墜斯文，爰命攻金，刻諸樂石，庶將來之不朽也。

吏部侍郎達奚珣詞，右監門衛兵曹參軍薛希昌書。

有唐天寶六載冬十二月己未朝議郎行濟源縣尉鄭琚建。

唐宋金元

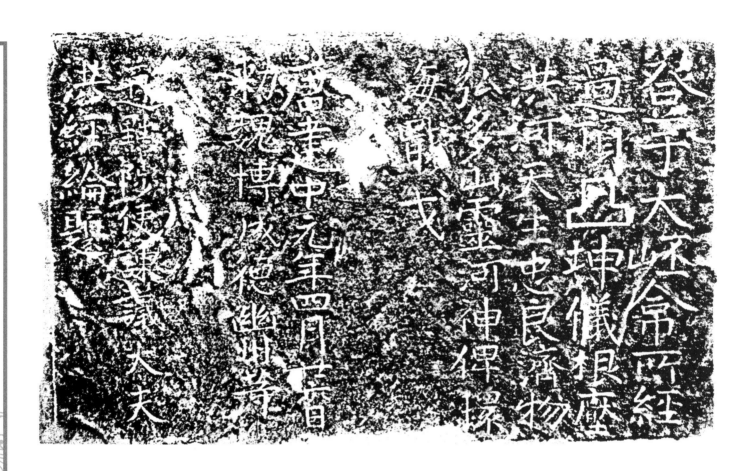

12. 洪經綸題記

立石年代：唐建中元年（780 年）
原石尺寸：高 66 厘米，寬 100 厘米
石存地點：鶴壁市浚縣大伾山興國寺

登于大伾，禹所經過。
頂凸坤儀，根壓洪河。
天生忠良，濟物弘多。
山靈河神，俾環海戢戈。
唐建中元年四月廿六日敕魏博、成德、幽州等道黜陟使、諫議大夫洪經綸題。

唐宋金元

13-1. 濟瀆廟北海壇祭器碑（碑陽）

立石年代：唐貞元十三年（797 年）
原石尺寸：高 126 厘米，寬 67 厘米
石存地點：濟源市濟瀆廟

濟瀆廟□□壇二所新置祭器沉幣雙舫雜物之銘并序器物名數題□之陰也。

有唐六葉，海內晏然，偃革□□，崇乎祀典，封茲瀆爲□源公，建祠於泉之初源也，置瀆令一員、祝史一人、□郎六人，執魚鑰、備灑掃，其北海封爲廣澤王，立壇附于水之濱矣。天子以迎冬之日，命成周內史奉祝文，宿齋毳冕，七旒五章，劍履玉佩，爲之初獻。縣尹加繡冕，六旒三章，劍履玉佩，爲□□獻。邑丞□冕，加五旒無章，亦劍履玉佩，爲之終獻。用三牲之享，邦之大事，□在□□□□不才謬領茲邑。下車入廟，每事皆問。主者有云：俎豆素闕，弊難悉數，其□□有五，北海望壇，臨事壘土朽棳，一歲而費數金，爲勞之甚，其弊一也。二所祭詣凡百有二十二事，至時請於上□，轉轂入洛，去來三百餘里□□稅緝酬□。積有歲時，不知窮極，其弊二也。沉幣雙舫，又以車取，沁河渡口之□往返之□□綵之飾，其弊三也。兩壇位席，百領有餘，戶至誅求，爲擾非潔，其弊四也。□□乃至七著□用之類，門到斂索，事終存亡太半，其弊五也。既革前弊，輒爲之銘。
銘曰：

寤寐求思，如神有知。□□離披，壞木於斯，人吏驚馳，念茲在茲〔注〕。爲余有意，廟中無備。沉幣雙舫，二壇祭器。子來悅使，所借皆遂。觀者闐闠，事無闕焉。刻之于石，以俟後賢。是時也，貞元十有三年。

朝□大夫行河南府濟源縣令張洗字濯纓撰。

〔注〕：此句有雙行小字注文爲："□□復及念□者大風□□□□□國用此村而爲祭器兼沉幣之舫也。"

13-2. 濟瀆廟北海壇祭器碑（碑陰）

立石年代：唐貞元十三年（797年）
原石尺寸：高126厘米，寬67厘米
石存地點：濟源市濟瀆廟

濟瀆、北海壇二所新置祭器及沉幣雙舫雜器物等一千二百九十二事：沾二、筐箱四、俎盤十、鐏六、豆卅二、籩卅二、簠八、簋八、罍二、洗二、酒爵十二、杓四、燈盞一百六十枚、沉幣雙舫船一、新造磚壇一、副壇席七十□、五幅幔兩□、氈四領、四尺毯子四、浴斛一、方毯子八、蒲合廿領、□□□兩□、□□□一十六張（内三張細）、連心床一張、四尺床子八、繩床十（内四倚子）、□□□□二（一方五尺、一八尺）、素一、小臺盤一、□尺牙盤二、火爐床子一、竹床子一、燈臺四、漆盆子二、竹衣架四、木衣架三、粗木枕四、粘板二、草函一、鞍架一、櫃一（并鎖）、門簾一、帳簾一（并紫綾緣）、盆子卅枚、水罐十、長杓八、馬杓二、刷帚三、鎖一具、竹燈臺子一百六十枚、新□床席二領（碧綾緣）、椀二百個、疊子二百五十隻、盤子五十隻、朱盤兩面、崑崙盤四面、細匙箸五十張雙、粗匙箸五十張雙、花杓子三、漆杓子六、 五尺單一條。

舊什物：釜兩口、煮羊脚鑊一、鐺大小八口、小油鐺子一、小鑊子一、鏊二、火爐一、大盆二、瓮五、中盆二、小盆子六、水罐九、食桉五、甄三、長杓四、馬杓二、八尺床子四、四尺床子四、故食床一張、長連床一張、雜木竹歷床兩張、間簾一、釣三、勳籠一、巾一條、廁□□、粗茶椀子八枚、茶鍋子一并風爐全、茶碾子一、香爐二、酒海一、殿門鎖一具、到碓一具并頭刀。

〔注〕：碑側有宋代元祐庚午（1090年）等題名題記。

14. 沁河枋口等記

立石年代：唐元和六年（811 年）
原石尺寸：高 96 厘米，寬 65 厘米
石存地點：濟源市孔山

　　□儀始分，山河已顯，豈伊造化，實曰自然。此沁水者，出自沁州□□山。初出泉涌，已堪賞玩，數里之外，便作洪□。坼万仞之山，闢千重之嶺。蛇盤龍勢，虎卧鳳□。或東澍而跳□，或西傾而箭□，或南流而繩□，或北瀉而若□。屈曲縈迴，七百餘里。奇峰怪石，匪可名□。有若佛形，或如仙狀。翔鸞蹲鳳，异獸神人，邐迤相望。至于谷□中間，潭洞清瀨，亦數百餘。黿鼉蛟螭，莫知其數。峭壁万仞，篁出深潭，人□無由，鳥飛方度，危險崖隥，匪可書窮。浩浩雄流，輒不可犯。届兹枋口，實曰巨河。水像枋形出山，俗謂之枋口。有釋子堅公者，禀天地之氣，承造化之英，懷濟物之心，有開河之志。承恩銜命，敕使監臨。觀天下地形，可開處便闢。飛輪至此，巨致殊功。招樊噲之徒，召五丁之類。駈崆峣之石，拉拂雲之梢。堰洪□巨流，缺東南之岸。分流一派，溉數百万頃之田。荷鍤興雲，鈌渠降雨。黄泥五斗，秔稻一石。每畝一鍾，實爲廣濟。由是河内之人，無飢年之慮。鸙堰殘水，尚爲大河。千里澄澄，東流入海。此枋口内，灣環綠水，狀若盤龍，周迴翠屏。削成万仞，中間有地數頃，夷若平川，金門雄山。引頭直入，數峰臟臟，勢若聯珠。余因游焉，結茅禪室。目之四面，号曰天城。時人因稱天城山聯珠峰蘭若。既居勝境，安敢匿詞。智短山長，略述其狀。

　　元和四年赤奮歲春三月，創此蘭若。六年單閼歲冬十一月，刻此記焉。

　　濟源縣令李朝陽蒸□宏簿李勛尉王士端同立。

宣祭瀆記

大漢河陽節度使先祿大夫撿挍太傅兼御史大夫上柱國隴西公奉

觀察判官將仕郎撿挍尚書郎中某侍御史賜緋魚袋臣□□自收撰

皇若王者郊祀則展義卜征幸四岳以禮天撫萬邦而發

號皇明燭於幽暗帝澤被於遐陬崇聖德之巍巍布

休先之赫赫諸侯接部則考古順時敷五教以恤刑勤

三農而成務至誠周於上細直道感於神明行惠愛之貽

昭流頌聲之靡靡若非得天地高明之理達聖賢去就之源

則何以求摸無瑕使民自比者哉

我太傅隴西公奉　先朝之顧命首建

宣祭瀆時乾祐二年冬十月九日奉

而於成時乾祐二年冬十月九日奉　敕理二年而戶拜二年

殊勳出頒近甸之雄藩獨推　　　五馬出耀

賢太守孽開衡幕希卹而　　襄惟

雙旌旄池教化於封壇薦來嘗於盧簋

宣祭瀆源之邑縣是行欽　　　列土時也霜風吐顏下林

真將軍早上漢壇皆欽　　　而亘碧君万民戴荷子

葉以踈紅嵐氣舒光棒雲枝

衛慈父之恩一境歡呼樂動咸韶之奏

公撫憐幼雄存問高年道遙連篆語之音沸騰如市婦

女其逢迎之敬瞻逢此肩武紿以衣裳咸頌之名物遠於

芳荈不周放是日慕及縣城曉暮廟自齋戒盥謹

涓淨潛蹲靈靈於三獻無彭伸禱祝於

公將廻馬首乃謂宥從四瀆耕水德之

尊五岳作地祇之長傳之往昔載彼曲經而又在我之

郊（宣）君之命一任之内兩及斯馬敢請亳用成

自牧叨榮華幕獲贊　廉風本無吐鳳之才寧叙

慈惠之化直書咸事恨之好詳

乾祐二廿一月九日　　　　　　

蜀克書夫前行馬守虜

15. 大漢河陽節度使光禄大夫檢校太傅兼御史大夫上柱國隴西公奉宣祭瀆記

立石年代：後漢乾祐二年（949 年）
原石尺寸：高 71 厘米，寬 51 厘米
石存地點：濟源市濟瀆廟

大漢河陽節度使光禄大夫檢校尚書太傅兼御史大夫上柱國隴西公奉宣祭瀆記

粤若王者郊祀，則展義卜征，幸四岳以禮天，撫万邦而發号。皇明燭於幽暗，帝澤被於遐陬。崇聖德之巍巍，布休光之赫赫。諸侯接部，則考古順時，敷五教以恤刑，勸三農而成務。至誠周於巨細，直道感於神明。行惠愛之昭昭，流頌聲之靡靡。若非得天地高明之理，達聖賢去就之源，則何以求瘼無瑕，使民自化者哉！今我太傅、隴西公密奉先朝之顧命，首建殊勳，出領近旬之雄藩，獨推致理，一年而民阜，二年而政成。時乾祐二年冬十月九日，奉宣祭瀆於濟源之邑，繇是行驅五馬，出耀雙旌，施教化於封壇，薦蒸嘗於簠簋。賢太守兼開衛幕，共仰褰帷；真將軍早上漢壇，皆欽列土。時也，霜風吐韻，下林葉以疏紅；嵐氣舒光，捧雲枝而亘碧。万民戴荷，子衒慈父之恩；一境歡呼，樂動咸韶之奏。公撫憐幼雉，存問高年。道途連笑語之音，沸騰如市；婦女具逢迎之敬，瞻望比肩。或給以衣裳，或頒之茗物，迄於等第，靡不周旋。是日暮及縣城，曉趨廟貌，齋戒恭謹，潔淨精微，瀝罇罍於三獻無虧，伸禱祝於一人有慶。公將回馬首，乃謂賓從：四瀆稱水德之尊，五岳作地祇之長。傳之往昔，載彼典經。而又在我之郊，宣君之命，一任之內，兩及斯焉。敢請□毫，用成刊石。自牧叨榮華幕，獲贊廉風，本無吐鳳之才，寧叙懸魚之化，直書盛事，恨乏好辭。

觀察判官將仕郎檢校尚書工部郎中兼侍御史賜緋魚袋柴自牧撰。

乾祐二年十月九日押衙充書表前行馬守源。

唐宋金元

重書

龍池石堰記

大漢通容元年太歲甲辰其年大旱有懷州河
内縣界溝村百姓李繼安為商泛湖迴至君山
廟祭奠次忽見一人衣朱衣形儀有異將書一
封稱達至懷州西七十里濟源縣縣西北約三
里有一龍池前有石一塊但挈此石必有人出
其形差異但多驚畏此書

玉皇勅下濟瀆神行雨子至役當浮賞錢二百貫
李繼安以書扣石事悉皆驗

大宋開寶六年四月念一日重書此記

16. 重書龍池石塊記

立石年代：北宋開寶六年（973年）
原石尺寸：高150厘米，寬73厘米
石存地點：濟源市濟瀆廟

重書龍池石塊記

大漢通容元年太歲甲辰，其年大旱，有懷州河內縣界溝村百姓李継安，爲商泛湖回，至君山廟祭奠次，忽見一人衣朱衣，形儀有异，將書一封，稱達至懷州西七十里濟源縣縣西北約三里，有一龍池，前有石一塊，但擊此石，必有人出，其形差异，但勿驚畏。此書玉皇敕下濟瀆神行雨，子至彼當得賞錢二百貫。李継安以書扣石，事悉皆驗。

大宋開寶六年四月念一日重書此語。

唐宋金元

17. 河神廟香爐記

立石年代：北宋至道三年（997 年）
原石尺寸：高 56 厘米，寬 70 厘米
石存地點：新鄉市衛輝市延壽寺

衛州汲縣親仁鄉長樂村回河神廟香爐記序

竊聞神道不遠，扶助乾坤；聖里非遥，推移万像。大王者，自古立廟，尊号回河，鎮一方土地，以爲護千家人倫兮爲主指，洪河一道，注海無泛溢之灾。左盟津源流，東頃似箭，求之者百福咸臻，敬□者千灾永滅。祆垂變化，百穀草木，生成顯出，神通助月，晶明朗耀。焚香歲久，磁爐而損破，千致求福，人多衆意，而共鑴石，□史千年，用不朽□□，則万載有堅牢之養。上願皇帝万歲，國泰人安，一切有情，同沾雨露。

時大宋至道三年歲次丁酉十一月壬戌朔八日己巳，都維那張守凝，書字人王玄政撰，匠人王懿。

普供養真言，誠誐曩三婆縛，襪羅斛……滿多母馱喃唵度噜地尾，薩婆訶……

……誨、李謙、王素、段朗、……玉、王貞、李進、李元、……美、韓明、趙志、張鐸……

18. 白居易游濟源詩碑

立石年代：北宋大中祥符八年（1015 年）
原石尺寸：高 80 厘米，寬 80 厘米
石存地點：濟源市濟瀆廟

河南尹白居易

濟源山水好，老尹知之久。
常日聽人言，今秋入吾手。
孔山刀劍立，沁水龍蛇走。
危磴上懸泉，澄灣轉枋口。
虛明見深底，淨綠無纖垢。
仙棹浪悠揚，塵纓風斗藪。
巖寒松柏短，石古莓苔厚。
錦座疊高低，翠屏張左右。
雖無安石妓，不乏文舉酒。
談笑逐身來，管絃隨事有。
（時）逢杖錫客，或值垂綸叟。
（相與澹忘）歸，自辰將及酉。
（公門欲返駕，溪路）猶回首。
……

19. 濟瀆廟頌碑

立石年代：北宋大中祥符九年（1016 年）
原石尺寸：高 177 厘米，寬 116 厘米
石存地點：濟源市濟瀆廟

……濟不通熙，祠休誰跨，謁有臨岣，紫氣於建枃，澈清流而韻韶。天子乃啓齋明，而款大道之行，際□天而繙乎地。元后之德作者聖，而述者明，敷佑兆人，歸尊璿禄景亳之右混元上德皇帝，于至神之妙，有化浩劫，以和平鴻濛毓粹，參二儲靈，垂溟滓滓，大範質慌惚，以惟天清地寧，闡微言於蓋世，顯奇相於强名。恬智莫□，瀆净是宗。尹喜守開始，瞻氣於幽谷，漢祖感夢，遂□□彌如……彰。追崇之□，鞏固於夷德；輪奐之飾，大熾於明皇。□羽駕之來，泊授諄誨而允感。繇是□□沃□，發□□自□起亦雄岊，經五代寶宇之蕭蔋，敻絶元都之□□□，遂游運績，赤明天造，皇帝□□□，□繼聖之汝基，育八紘之群品，豐財美利，累洽重邑。所以上帝眷懷，靈文荐降。嘗□□□□□初□□之忻戴，乃蕆鴻儀稽嚴，配鳴鑾于龜蒙，射牛于云岱。所以告謝，□□催也。□□似□□抵□臨郊壤，三英祭乎径術，百寶麗乎俯仰，所以對越坤元，爲罍於雕上也。於是□□□□，神明惟□□和也。靈皇降格，紫殿昭靈源之所自顯，聖壽之無疆，遂古之所未聞。綿寓以之大賚，能□□□□立元系如錫，長發异女，同□乃嚴整，亦飛騰裝七萃，大雨□節，風伯清塵，指巽絳臨。□縣□□□□，翌日沛中，詔姬湛恩存間王耆，洵訪民隱，增新祠宇，重構河梁。茲橋也，處大邑之東，屢直靈宮之□□□□□，乃宏其基址，易以梗楠，民以子來，功謂神□隱佑，屈於中派，揭翹鶴於四隅，泊雲罕斯臨，□□□□□而臻亭會也。千乘萬騎，挂轄而疊庭，在□□志，捛裳□連□幢。然往復若踐平塗，允所謂達川澤之□□□源□秦務□□□异庇民，李謂應星介在遐域，望若蛇連。畿甸南届淮陽，東控□橋，西通鳴鹿，俾耕織之裕熙，□□□我皇呈命，□□□□，注心億兆，盡恭致褥，作善降祥，利涉天享，何以臻此？臣學憩淵博，識昧希激，音啓□仰龍德以巍巍，冀輔宣於聲教，但紀述於歲□。

大中祥符九年七月一日謹記。

……儀使推忠協謀司□□佐理功臣□□使開府儀同三司行吏部尚書檢校太師同中書門下平章事上柱國太原郡開國公食邑一萬七百户食實封肆千貳伯户臣王欽若奉敕撰。

詔朝請大夫、守司農少卿、同正輕車都尉、賜紫金魚袋臣裴儒奉敕篆額。……玉册官御書院祇侯臣王瑞茂鐫字。

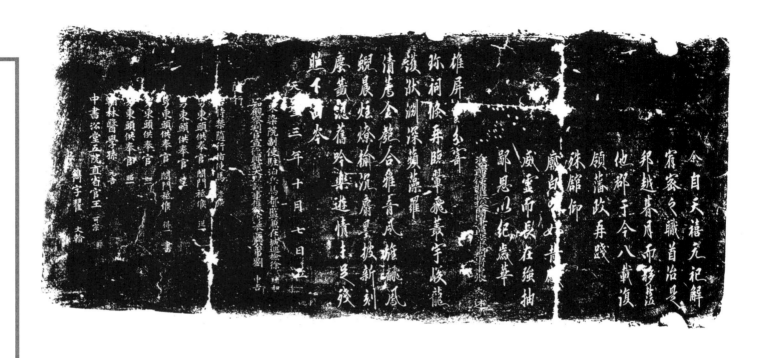

20. 濟瀆詩

立石年代：北宋天聖三年（1025 年）
原石尺寸：高 48 厘米，寬 114 厘米
石存地點：濟源市濟瀆廟

余自天禧元祀解宥密之職，首治是邦，越期月而移蒞他郡。于今八載，復領藩政，再踐殊館，仰廟貌□如昔，感威靈而長在，強抽鄙思，以紀歲華。

淮南節度使特進檢校太師同中書門下平章事判軍州事張旻述。

雄屏□分寄，珍祠倏再臨。翬飛叢宇峻，龍護沋淵深。蘋藻羅清薦，金匏合雅音。風旌翻鳳蜺，晨炷燎榆沉。麝墨披新刻，塵籤認舊吟。樂游情未足，殘照下西岑。

東染院副使駐泊兵馬都監兼在城巡檢徐繼和，知觀察判官宣德郎試大理評事權發遣本廳公事劉中吉。

隨行：□侍禁隨行指使馬崇慶，男東頭供奉官閤門祗候從一，男東頭供奉官禮一，男東頭供奉官閤門祗候得一書，男東頭供奉官如一，男東頭供奉官昭一，翰林醫學孫元吉，中書沿堂五院直省官王可宗。

鐫字翟文翰。

天聖三年十月七日立。

龍門記

予嘗逾香山寺以望龍門伊川之勝而愛其奇秀以為洛陽雖山川佳麗而無如此以人迹之不可到故無聞焉予凌邑中亦有此曰以龍門也以人迹之不可到故無聞焉予凌在澗中其一自上而下瞰其下而狀皆佛有石室可容百數十人而其土夯遠非所以坭而又有野處人十餘家居處既非所知龍門為磴間民之姓氏顏孝先之人之可及故雖遠閒非枝可流水為磴間民之姓氏顏孝先之人之可及故雖遠閒非枝可者之道皆夾在兩山間人跡所不能通行已逾百餘而里凡蔓澗而東西小龍門之腹獨可居而有民家長子孫而不可及也邑然少而知其歲之多少而世之誰何其世汙漫而古命僧惠僎為文而可考寄尚不可得也因自書其所為文以記之偶求得其虎嶼石而藏于西巖之洞穴間且以記又以備後之有隱君子欲訪求于此地而居者之人也宋至和元年丙申歲季冬十有二月十五日東陽徐無黨記

21. 小龍門記

立石年代：北宋至和元年（1054 年）
原石尺寸：高 58 厘米，寬 62 厘米
石存地點：三門峽市澠池縣石門溝

小龍門記

予嘗登香山寺，以望龍門伊川之處，而愛其奇秀，以爲洛陽雖山川可佳，而無如此也。有澠池小吏自其旁爲予言：邑中亦有此，曰小龍門也，以人迹之不可到，故無聞焉。予後因吏事至洪河湑，初緣崖厂間，躡棧閣得小徑，下入凌澗中行，而兩岸皆石壁峭立。行約五十里，望見兩山裂開，可百餘步，勢皆嶔崟，而水聲激激流其中，有怪石甚醜，堕在澗中，其一自上而下瞰，若將急垂手援之然，而狀皆可駭。予曰：此豈非所謂小龍門者耶？因憩息于其下，而旁有石室，可容百數十人。而其它洞穴，處處亦有之，若所謂佛龕者，皆可愛。其土沃壤，宜桑棗。有野人十餘家，悉引渠激流水爲磑。問其人之姓氏與年幾許，皆不能道也。又問今何時，云亦不能知也。然予嘗聞昔之有獨行之君子，其爲人疾世污俗，多好扶携其妻子與俱入山林，長謝而不顧者，唯恐人迹之可及，故雖遠而不憚，雖深而不厭也。今凌澗之道，皆束在兩山間，其崖厂處非棧閣不能通，行百餘里，凡驀澗而東西者，涉七十有二云。則是人之迹已邈而不可及也已。然小龍門之處獨可居，而有民家長子孫，不知其歲之多少而世之誰何，豈亦非昔之疾世污俗，長謝而不顧者之後乎？予入石室中，上絶頂，欲探求古碑文而可考者，不可得也。因自書其所爲文，而命僧惠儇者鐫于石，而藏于西巖之洞穴間。且以記予之偶來，尋得其處，而又以備後之有隱君子欲訪求于此地而居者之人也。

宋至和元年丙申歲季冬十有二月十五日，東陽徐無黨記。

唐宋金元

22. 魏西門大夫廟記

立石年代：北宋嘉祐二年（1057 年）
原石尺寸：高 173 厘米，寬 90 厘米
石存地點：安陽市安陽縣西門豹祠

〔碑額〕：西門大夫廟記
魏西門大夫廟記
春秋已來，列國相滅。因其郊郭，以爲郡縣。縣之長，曰宰，曰尹，曰大夫，其實一也。魏文侯時，西門君之爲鄴大夫。捽群巫而投之漳，以銷蠹弊之風；鑿大渠而溉其田，以紓磽埆之苦。斯煌煌於傳記，而籍籍於人口。故太史公云："西門豹爲鄴令，名聞天下，澤流後世，無絶已時，幾可謂非賢大夫哉。"□□流後世謂之賢大夫，廟居血食於吾民，雖千萬世不爲過。歷載□久傳□益訛。今邑之西，祠宇雖存，而被其神，以王公之袞冕，且名其神曰豹神。不惟呼之於人，而又□之于石。嗚□！縣令春□率僚佐以祈，以報，以酌，以□，姑□□再拜于其庭。訖不推本其神之名與廟之□，亦足以爲暗且慢矣。惡□□□政事之舉□！嘉祐改元之秋九月，予弟益長于兹邑二年矣，祗報祭以伏祠下，□其號服之乖□不合也。乃命工新其神象，易以古縣令之衣□飾之，□其石篆之刻豹神者，大□其門曰"西門大夫"。禁其土俗，而告以新□。予□□弟之有□於政事而□□□□之過也。因爲詩以頌□人之仁，正後人之失。□□曰：

……爲河佰娶兮□吾良民。殺生自任兮賦斂無垠，橐無完□兮□無完人。□□□□兮□河之濱，舄鹵沉斥兮磽确嶙峋。□不□粟兮□爲荆榛，歲常凶□兮人□□貧。惟公之來兮謀度諏□，害期必去兮利期□□。□□沉水兮大溝通津，□□□首兮服公至仁。祠叢土木兮時謹祭倫，歷載幾千兮不□無文，舛生積久兮弊緣□□，□侈其服兮□□其神。□□！誰與正兮聖宋之臣，棟宇雖舊兮號服惟新。

將仕郎守信安軍司理參軍馬需撰。

□仕郎行相州□縣□張誘，將仕郎守相州□縣□□周明□，將仕郎試秘□省□□郎守相州鄴縣令馬益。

時嘉佑丁酉二年秋七月晦日立石。

23. 重修濟廟記

立石年代：北宋嘉祐四年（1059年）
原石尺寸：高46厘米，寬38厘米
石存地點：濟源市濟瀆廟

重修濟廟記

皇帝臨御之十載也，五兵銷戢，九土謐寧，禮樂聿修，車書混一。陰陽合序，三辰之行度無差；風雨以時，五穀之登成告稔。皇帝若曰：近年海內聯綿豐熟，餘粮栖畝之咏，幸契前聞，盖上玄垂祐，百神薦福，致兹上瑞耳。每遣使臣裡祀於五嶽四瀆，皆云廟宇殘破。今欲遍修，各宜命使河陽濟瀆清源公、北海廣澤王廟壇，乃命中散大夫、宗正丞、柱國趙素監修。受命之後，乘馹而至，於是徵良匠、構美材，星律未周，其功告畢。两殿、行廊、門楼、齋院、厨庫、海亭，共一百八十八間，行墻內□共二百三十八間，比舊廟之屋□十，增……

嘉祐四年十一月上旬記誋等。

唐宋金元

淵水廟記

陽翟影篤學鄉淵水廟記

西塞之地有淵水澄潔湛然人不敢犯其神龍隱伏之奧乎樂其著稱則

朝邢那要冊之謂也國家載之祀典崇其封爵何哉水旱癘疫公私祈謝于

咸有肹蠁焉所以建祠立像欽崇奉事人人恭憚著聞於時陽翟焉若古韓

國今京輔之大邑近境之北有淵水祠焉連屬三井居常枯涸遇天澤愆

元則消消冷冷流而不鸿信非其常井也而茗民之祈為民之福者傳

信甚詳而祀籍遺圖志武關以神化之大矣哉易曰神无方无體尋獲廰

王全有頌音感疾初其危蔦偶夢痛有驚逐增開一井尋獲痾復近信

嚮且不証矣惟神之德之化大矣从是而論之則遠邇大小一方一歲之

禮而言所以為無不通也由也經是而論之則遠邇近信之

於文其再封爵于朝則朝得樂輸者逐新其祠像則至和丙申歲莫

感永錫有信奉之巖而倡諸鄉像則至和丙申歲莫

也廟有舊石而無文今吾文以敘其事其施佐之人皆列序於後云熙寧

三年歲次巳酉四月一日太原霍延年記

孔瑋書 并篆額

楊中立刻

24. 重修湫水廟記

立石年代：北宋熙寧二年（1069 年）
原石尺寸：高 111 厘米，寬 48 厘米
石存地點：許昌市禹州市朱閣鎮湫水廟村

〔碑額〕：重修湫水廟記

陽翟縣舊學鄉湫水廟記

西塞之地有潴水，齋潔湛然，人不敢犯。其神龍隱伏之奧乎？舉其著稱，則朝邦要册之謂也。國家載之祀典，崇其封爵。何哉？水旱瘥疫，公私祈謝，咸有肹蠁焉。所以建祠立像，欽崇奉事，人人恭憚，著聞於時。陽翟爲古韓國，今京輔之大邑。近境之北，有湫水祠焉，連屬三井，居常枯涸，遇天澤愆亢，則涓涓泠泠，流而不竭，信非其常井也。而答民之祈，爲民之福，古老傳信甚詳，而祀籍且遺，圖志或闕，以神化之大，欽奉薦贄，四時人不懈焉。有王全者，頃嘗感疾，初甚危篤。偶夢寐有警，遂增開一井，尋獲痊復。遠近信嚮，且不誣矣，恭惟神之德之化大矣哉！《易》曰：神无方无體也。不以一方一體而言，所爲無不通也，無不由也。從是而論之，則遠邇大小一也。俾載之於文，享封爵于朝，則朝那要册，豈獨擅偉于西塞耶？里人石政、張真、臧永錫，有信奉之嚴，而倡諸近鄉，得樂輸者，遂新其祠像，則至和丙申歲也。廟有舊石而無文，今丐文以叙其事，其施佐之人，皆列序於後云。

熙寧二年歲次已〔己〕酉四月一日，太原霍延年記。

具施主姓名：張穎、張宗、何信、王遠、張新、江守忠、趙□、□□、□□、王真、□□、杜順、王順、張政、曹順、史告。

孔瑋書并篆額，楊中立刻。

河東節度使守司徒檢校
太師兼侍中判河陽潞國
公文彥博被濟禍因至榜口
旨謝雪監劉几光祿卿李
與秘書監書□□卿章直
史館張靖太常少卿至時
馮潔己張端田郎中陳安寧
祕書丞己二月十四日
六年十二月□南奉命題夫
理評事游榜口詩奉
下馬入榜口漾舟緣碧溪
雪鋪復登岸群賢回杖繫
鑿迴巖石畔尋覽退之題
襄

25. 文彥博游枋口詩序

立石年代：北宋熙寧六年（1073年）
原石尺寸：高52厘米，寬80厘米
石存地點：濟源市五龍口

　　河東節度使、守司徒、檢校太師兼侍中、判河陽、潞國公文彥博，被旨謝雪濟祠，因至枋口，與秘書監劉几、光禄卿直史館張靖、太常少卿李章、馮潔己、屯田郎中陳安期、秘書丞張端同至，時熙寧六年十二月十四日。男大理評事及甫奉命題：

　　游枋口詩

　　潞國公

　　下馬入枋口，漾舟緣碧溪。

　　雪銷山骨瘦，風定浪頭低。

　　數里復登岸，群賢同杖藜。

　　徘徊岩石畔，尋覓退之題。

文潞公詩

留題濟瀆廟

河東節度使守司徒兼中判河陽軍州事潞國公彥博

導沇靈源祀典尊
湛然凝碧浸雲
根遠朝滄海殊無礙
橫貫洪河目
不渾一派平流滋稼穡
曲時精覃
薦蘋蘩末崇輕作後壽隄唯有溢
濡及物見

元豐戊申夏

26. 留題濟瀆廟

立石年代：北宋元豐五年（1082 年）
原石尺寸：高 102 厘米，寬 51 厘米
石存地點：濟源市濟瀆廟

〔碑額〕：文潞公詩
留題濟瀆廟
河東節度使守司徒兼侍中判河陽軍州事潞國公文彥博
導沇靈源祀典尊，湛然凝碧浸雲根。
遠朝滄海殊無礙，橫貫洪河自不渾。
一派平流滋稼穡，四時精享薦蘋蘩。
未嘗輕作波濤險，唯有蒸濡及物恩。
元豐壬戌仲春望日，濟源縣薛□□立石。

唐宋金元

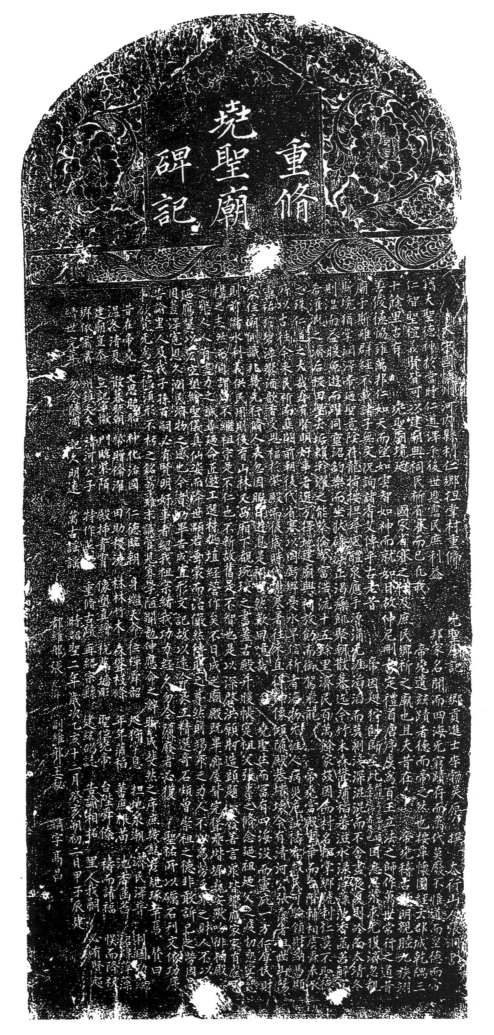

27. 大宋國懷州河內縣利仁鄉担掌村重修堯聖廟碑記

立石年代：北宋紹聖二年（1095 年）
原石尺寸：高 133 厘米，寬 76 厘米
石存地點：焦作市修武縣

〔碑額〕：重修堯聖廟碑記

大宋國懷州河內縣利仁鄉担掌村重修堯聖廟記

竊夫聖德神於當時，仁道澤乎後世，恩沾民庶，利益邦家。名聞而四海无窮，迹存而萬代莫廢。不惟道而皇，德而帝，仁智聖禮義賢，皆可以建廟興祠，民祈省賽而已。凡我帝堯遺茲迹者，德而帝之然也。按覃懷《圖經》云：郡城乾隅三十餘里，古有堯聖廟境，乃國家省賽之祠及庶民鄉祈之廟也。且夫昔在帝堯，稽古□明，親睦九族，翊善俊德，協雍萬邦，仁如天而望如雲，智如神而就如日。故仲尼刪《書》定禮，首唐序虞，爲百王立法之師，作萬世常行之道。昔廟于斯，雖群經不載，諸子無文，況詢諸耆艾，傳乎古老。昔帝因巡狩，帥師至此，（《隋誌》云三聖述職、五帝巡狩者是也）困息思漿，求无獲濟。忽睹斯境，猶掌潤澤。帝乃聖意陰符，龍指按担，尋感醴泉應手，源涌无涯，滔滔而莫測淺深，混混而不舍晝夜。夏則冷而太清，冬則溫而益暖。魚游而躍同靈沼，釣樂而坐狀磻溪，止渴療飢，聚朝散暮。迄今竹木森聳，蒲稻蕃滋，水淥萍藻，池香菡萏。解亢希灌溉之濟，后稷田豐；去垢賴澣濯之能，蔡倫紙富。浩流十五餘里，濟民百萬餘家，故因而村名担掌，鄉號利仁，莫不聖德之殊，仁道之大哉。尋有賢明好事者，選方擇地，建廟興祠，放勳而御駕飛龍，帝堯當殿；重華而台階輔相，虞舜奉承。所以古往今來，民祈而匪闕；前朝後代，省賽以罔虧。鄉憂水旱，信祈者濟物无涯；人病灾危，誠禱者救民可驗。領財納馬，顯靈祐於碧潭；饗酒歆香，受恩福於紫殿。而後歲時代謝，寒暑往來，直得神像傾墜，殿基墳壞。今有清河公張允濟者，祖世山陽，家住廟側，識兆幾先，行修人表。忽因暇日，游息是祠，喟然嘆曰：噫哉！堯聖生而富有四海，沒而靈庇一方。仁厚民財，則前儲水利；義供民用，則後育山林。又西廂下，睹琬琰之書，蓋古殿并暖帳，實祖父張重寧之修。念乃祖乃父之虔，切懇堂懇構之志。然而自謂曰：不繼祖宗，是不仁也；不新故舊，是不智也。是以深啓洪願，創造頭題，□發善言，衆皆響應。家家有罄財之懇，人人有盡力之誠。尋乃命匠邀工，選材埏埴，經營作矣，不日成之。廟殿既畢，廊屋皆完，聳疊堦墀，巍安獸吻。徘徊殿□，乃雁翼以宏空；塑繪聖儀，真仙姿而降世。顒若垂裳而治，儼然傳聖之尊。然則竭衆之力，人不以爲勞；乏衆之財，人不以□困。蓋澤寬恩久，潤民濟物之感也。今者功畢告成，宜形文記，故以遠命良工，精選奇石，頗曾崇祖之德，非敢訴己之勞，因而告諭里人及我子孫百嗣，必有賢明好事者，紹我祖宗，緒我功力，經久勿令隳廢者，必獲聖祐。所以礪石刊文，依功序事，欲贊无爲之德，須形不朽之銘。況勃等雖未識管見，寡學陋聞，勉伸應命之辭，聊成斐然之序，庶幾髦彥規琢，幸焉。贊曰：

昔在帝堯，文思昭昭。神化治國，仁德臨朝。身繼天命，位禪舜詔。巡狩掌息，担地泉潮。濟民澤普，利國功饒。溫冬清夏，散暮聚朝。紙贈倫濯，田助稷澆。林林竹木，森聳枝條。年年蒲稻，蕃庶根苗。池香菡萏，沼綠萍藻。建廟豈忝，立記寧懍。門臨紫陌，殿插青霄。像塑真繪，梲藻墙雕。聖位堯帝，台陛舜僚。禱而請福，惕而降祆。鄉依肅肅，州鎮夭夭。清河公子，特作英□。重修古迹，再紹宗緜。建茲碣誌，告諭相招。里人我嗣，必有賢超。續世完葺，勿令隳凋。

記久明遠，萬古謠謠。

鄉貢進士李勃、吳愿撰，太行山人張洞書。

都維那張允濟、副維那王秘。鐫字高昌。

時紹聖二年歲次乙亥十二月癸亥朔初二日甲子辰建。

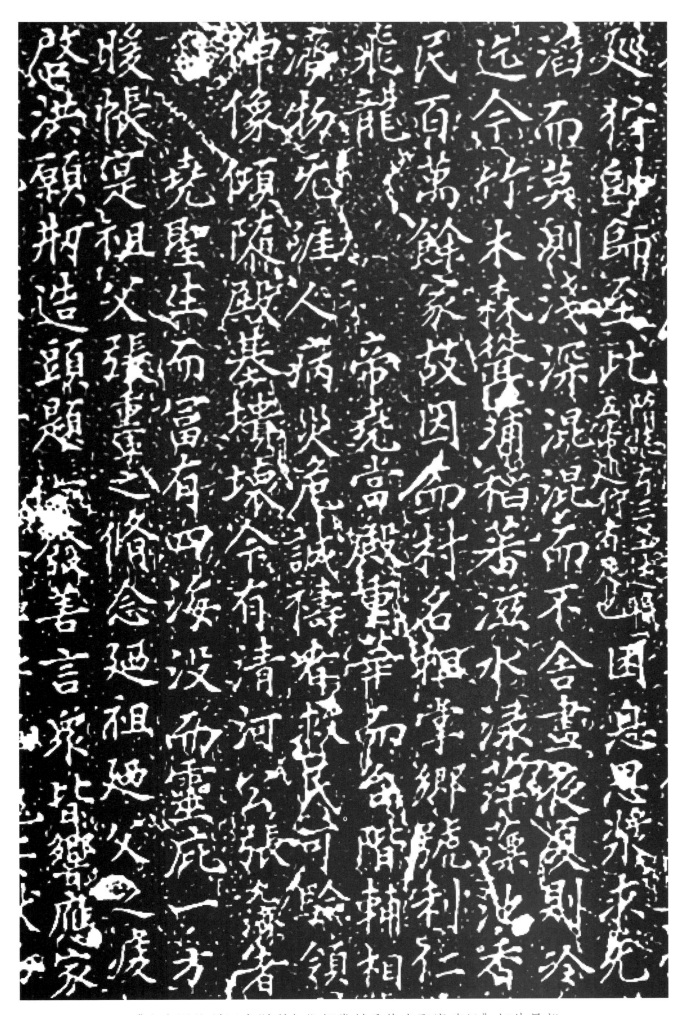

《大宋國懷州河內縣利仁鄉担掌村重修堯聖廟碑記》拓片局部

28. 靈符碑

立石年代：北宋政和六年（1116 年）
原石尺寸：高 152 厘米，寬 74 厘米
石存地點：濟源市濟瀆廟

　　祖天祀子治水静穢丹命之告：虛元妙理，諶法度誠。蘭公覺慧，孝道悟平。七元魁宰，九炁昊清。化含萬象，變涉五行。阿縈隱彰，旋斡出入。律令無爲，經營可立。丁壬媾交，升降呼噏。觀全曠盈，聆備沖藝。保合庶彙，役使衆靈。高明日月，徹耀緯經。祥雲紫秀，瑞氣黄寧。感動寥極，静鎮杳冥。滌盡垢穢，潔皦空色。尊靈益恭，乾天愈救。仁慈以勳，戒箓乃職。久視不忘，道德崇力。帝御寶曆，丞績金縢。澤滋圓足，日暉方升。昌辰上德，隆景中興。三五法益，千萬紀儷。急急如律令！
　　有宋政和六年九月辛卯朔九日己亥謹建。

唐宋金元

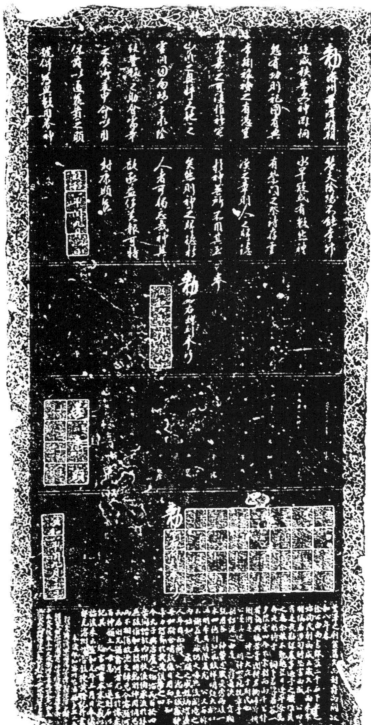

29. 康顯侯告碑

立石年代：北宋宣和元年（1119年）
原石尺寸：高188厘米，寬93厘米
石存地點：鶴壁市浚縣大伾山

〔碑額〕：康顯侯告

敕浚州豐澤廟，朝廷咸秩無文，神罔恫怨。有功則祀，國有典常。矧禳襘之有憑，豈褒嘉之可後？惟神宅山川之奧，粹天地之靈，間因雨暘之求，陰致豐穰之助。會需章之奏御，爰申命以用休，爵以通侯，賁之顯號，并爲异數，用答神釐。夫陰陽不能常升，水旱疑或有數；然禮有禜門之祭，《詩》存《雲漢》之章。則人之歸德於神，無所不用其至矣！然則神之歸德於人者，可獨忘哉？神其歆承，益侈美報，可特封"康顯侯"。

政和八年閏九月八日。

（官印）尚書吏部之印。

（批示）奉敕如右，牒到奉行。政和八年閏九月九日。

告康顯侯奉敕如右，符到奉行。政和八年閏九月十三日。

（記文）豐澤之廟食舊矣，而封爵尚闕。政和八年春，徐公由尚書郎苻二千石。下車之始，詢民利病，咸云："歲久不雨，來牟將槁，若涉旬時，恐害西成。"公曰："有是哉？勸課農事，乃予之職，維莫之春，余敢不勉？"越翌日，遂率僚屬奔走躬禱于祠下，若響若答。一夕，陰雲四合，不崇朝而雨千里。仆者勃興，槁者膏潤，耕男餉婦，忻忻衍衍，是神之大庇于斯民也。公遂具述明神靈應，抗章于朝。詔從之。由是爵通侯，賁顯號，用答神釐。是歲麥秀兩歧，一禾四穗，則和氣致祥，明效大驗如此。明年其時，陽復亢，公又再祈，不懈益虔，歲仍大和。然後闔境之內始知康顯之威烈炳耀蕩人耳目，而荷公之德至誠感神每如斯。含哺鼓腹日用而不知帝力何有於我哉。僕告之曰："今天子興唐虞之極治，而百揆四岳彌諧於內，州牧侯伯承流於外，庶政惟和，五穀時熟，則神罔恫怨，兩不相傷，故德交歸焉。今浚瀕河而居，則允猶翕河者，尤在於懷柔百神，願土人毋怠。"公遂刻石以紀其綸言。因書本末之義，以詒後來云。

宣和元年三月日奉議郎充浚州州學教授黃翰記并書。

奉議郎知浚州黎陽縣事王兆立石。

朝請大夫通判浚州軍州同管勾神霄玉清萬壽宮管勾學事謝，朝請大夫權知浚州軍州管勾神霄玉清萬壽宮管勾學事徐，中奉大夫提舉三山天成橋河等事賜紫金魚袋孟，拱衛大夫永州防禦史直睿思殿提舉三山天成橋河等事王。

〔注〕：此碑位于浚縣大伾山龍洞拜殿之內。清康熙年間，畢沅在《中州金石記》中對此有記載。碑體由碑首和碑身兩部分組成：碑首高74厘米，寬96厘米。上書有漢語篆字、草體梵文、蒙古文三種文字；碑身高188厘米，寬93厘米。碑文分爲六層。其一、二層爲敕文；三、四、五層爲吏部批示和告印，敕文和批示文均爲行書；第六層爲楷書記文。另在碑左側有一行上下排行的楷書字，每字雖僅高1.1厘米，寬0.75厘米，但仍清晰可見："太師魯國公臣京免書。"此碑，一碑兼有宋、元兩個朝代碑體，具有漢、梵、蒙三種文化語言，含有封建官制五十一枚告印，布滿宋書法大家蔡京的手迹。其具有的歷史學、語言學、書法學價值難以估價。

30. 游蘇門山泉詩

立石年代：北宋宣和四年（1122 年）
原石尺寸：高 82 厘米，寬 216 厘米
石存地點：新鄉市輝縣市百泉涌金亭內

游蘇門山泉後寄題兼示同游
濟南劉豫

太行雄偉赤霄逼，枝分蘇門爲肘腋。孕奇産秀氣蟠鬱，涌作瑠璃十頃碧。初疑驪龍蟄山趾，仰噴明珠飛的皪。忽如湘靈理新妝，大鑒開匣乍磨拭。峰巒倒影浸雲烟，蘋藻照沙改顏色。相輝一段佳風月，餘潤幾州及動植。昔聞隱淪神仙人，高標清與溪山敵。悠悠往事散浮雲，嘯有遺臺行有迹。我居東秦濟水南，無限泉池日親炙。一行作吏別經年，情思塵埃何處滌。靈祠因禱來憑欄，頓爽骨毛快胸臆。飄飄蘭舟七八客，罇俎笙簫随分入。勝概紛并眼不暇，恨乏魯戈延晷刻。歸城簿領厭沉迷，春睡每着蝶夢適。心約他時杖屨游，醉漱溪流枕溪石。

宣和四年春正月二十日，知□□□劉公……山泉……公□以□□至□□□不□而入於是……公亭□以□□九年……而游人□道松□□□風景明秀迎非常日□公……推公□□下□以□□□公之所以……川西□山□起□□□□至於□□公□□有□□山□□能盡養飲……斯文□□在其□□□得議□歲月朔日門生□□郎共城□今□□立□□□刑……

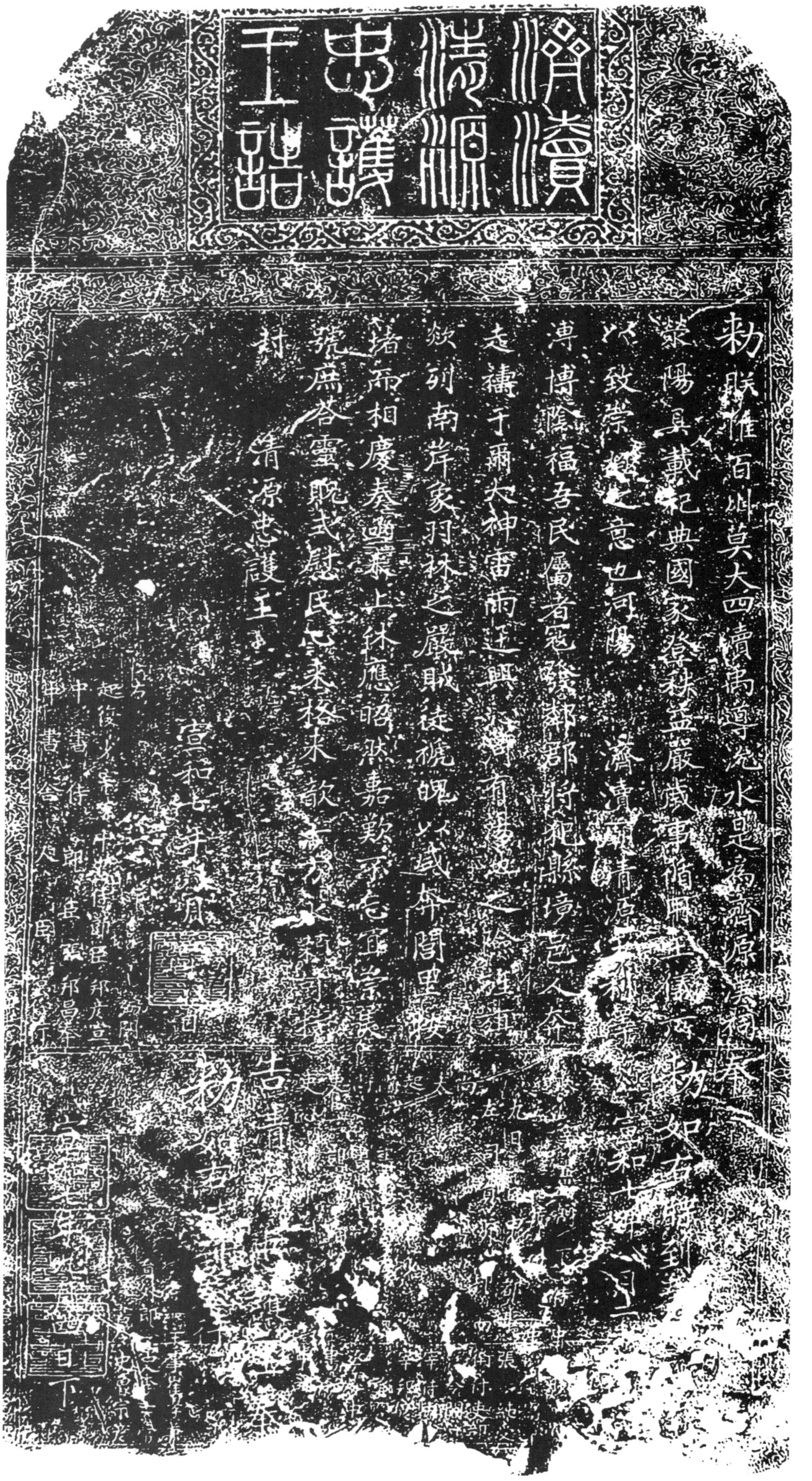
濟瀆清源忠護王誥
宣和七年

31. 濟瀆清源忠護王誥

立石年代：北宋宣和七年（1125 年）
原石尺寸：高 123 厘米，寬 61 厘米
石存地點：濟源市濟瀆廟

〔碑額〕：濟瀆清源忠護王誥

敕：朕惟百川莫大四瀆，禹導沇水，是爲濟源，漢祠奉滎陽，具載祀典，國家登秩，益嚴歲事，循用王儀，所以致崇極之意也。河陽濟瀆廟清源王利澤溥博，陰福吾民。屬者寇發鄰郡，將犯縣境，邑人奔走禱于爾大神。雷雨迅興，沁河有湯池之險；旌旗欻列，南岸象羽林之嚴。賊徒褫魄以咸奔，閭里按堵而相慶。奏函來上，休應昭然，嘉嘆不忘，宜崇美號，庶答靈貺，式慰民心，來格來歆。一方永賴。可特封清源忠護王。

宣和七年八月二十八日，右……彌闕，起復少宰兼中書侍郎臣邦彦宣，中書侍郎臣張邦昌奉，中書舍人臣莫儔行。

奉敕如右：牒到□□。宣和七年八月二十□□，左□，大宰兼門下侍中時□給侍中寓。九月一日申□都事張純受、左司員外郎高衛付吏部。尚書令……太宰侍中起復少宰邦彦、尚書左丞□尚書右丞□中吏部尚書□吏部一侍中□告清源忠護王。奉敕如右，牒到奉行。主事崔孝兼、員外郎令史李士常、書令史魯宗彦。宣和七年九月四日下。

32. 北宋汲縣古河堤埄堠碑

立石年代：北宋
原石尺寸：高 54 厘米，寬 21 厘米
石存地點：鄭州市黃河博物館

汲縣河堤下界埄堠。西至上界永福村八十里。

〔注〕：該碑是一件迄今爲止僅見的古黃河堤防分段管理維修的界標實物。該碑出土地點在古黃河大堤（古陽堤）汲縣與浚縣交界附近。碑文意思是説，汲縣河堤下界埄堠的位置在永福村，西至上界永福村，全長八十里。學者推斷該碑的製作年代約爲北宋元祐二年（1087 年）之後的一段時間。此碑對古陽堤的興修時間和漢代黃河的流向、古陽堤的管理等研究都具有參考價值。

33. 創修泉池之記

立石年代：金大定五年（1165 年）
原石尺寸：高 100 厘米，寬 64 厘米
石存地點：焦作市沁陽市西向鎮捏掌村堯王廟

〔碑額〕：創修泉池之記

創修泉池之記

昔陶唐之治天下，以天下爲心，而不以位爲樂，志在歐民仁□□域，使無夭昏暴陵之灾而後已。迨夫中遭水害，浩浩乎懷山□□，民失攸居，與魚鼈雜處，故常疇咨四岳，命禹治之。卒致九澤既□，九河既道，使四海脫昏墊之患，復寧居業。古所謂不遇灾變，不彰聖德，豈謂是歟？故後世莫不嚴廟貌、精享祀以報之。若夫功業之大，書傳備焉，間有野老口傳遺迹不見於載籍者多矣。河內郡之西北有大雄山，山之陽數里有唐帝古祠，廟□宏偉，數泉出於祠下，南底于沁，上下數十里，灌溉田園，植竹種稻，獲利益多。至有浣衣濁足污穢其中，遂壅而不流。村人李整等率眾命工以爲之池，甃以磚石，環之竹木。既以崇煥廟貌，又使數村之人復享其利，不其偉□？樂成之日，□僕爲記。僕竊喜村人之用心，復嘉水利之無窮，故略舉陶唐氏之功德而告之。

維大金國大定五年歲次乙酉五月甲戌日建，施池壓欄石維那頭河內縣南金村李□、田進，李封村王成、李成，古陽村姚善，修武縣東狗村程德，富仁屯程忠、王褚，衛州獲嘉縣宣陽驛楊客。河內刊字人……

鄉貢進士□□述。

34. 濟源縣創建石橋記

立石年代：金大定二十年（1180 年）
原石尺寸：高 228 厘米，寬 93 厘米
石存地點：濟源市濟瀆廟

〔碑額〕：濟源縣創建石橋記

濟源縣創建石橋記

三代之政，以封疆域民，故城郭道塗、溝洫橋梁之□，□□定式，而藏諸有□，時出而頒之，歲以爲常。其浚治之力，築作之功，與夫□□□□之用，□預之於民，而其□□人□爲之奔走營畫，相高下遠邇□宜而修治之。蓋一事之未立，一□□未便，□□以關政之得失。當是時，□□□利也，□利，則未嘗不爲之興。惟其無害也，有害，則未嘗不爲之去。□□□□，使自成之，究之度之，使自□之。□民之患，如此其深且備也。後世政務姑息，民各自私，□俗靡靡，日□□□□。居官者，以簿書期會爲急，媮容苟合，□□目前。視民之利病，若越人視□人之肥瘠，曾不加意。相薰以此，故……治效，未可以得志也。嘗謂道之在天□，其閎大奧密，不可得而言。至於手足之所營，耳目之所接，□□□教民生養之具，固不□疲精耗神，殫首極慮而後能也。其要甚明，其法具在，顧以謂不足爲而不爲耳。惟□□□□而不爲，是以人思便己，而庶務因以不興，且天之生是民也，將使以大治小，以賢治不肖，豈徒飽食安坐，□快其心而已乎。甚者或畏法譴謗，舉手搖目，不敢有所施爲，此何意哉？濟源居太行之陽，富有山水，景明氣秀，□物夥繁，四方之□□□者，蹄躕相接。有□水自西北來，稍折而東，因高走下，湍流悍急。而縣治適當其衝，浸淫□溢，□城隅，漱石瀨，至于東門之下，高岸陡落，幾及數尋，廣狹三倍之。舊嘗架木爲梁，每夏秋大雨，則暴漲衝射，弗克支□，屢易屢敗。民之病涉之久矣。累政因□，恬不改革。大定十五年春，淇川夏公提來宰是邑，視事之初，問民所欲爲及所未便，皆以次而興除之。□月之間，政化有成。於是衆請於公，願易新斯橋，□救民弊。且命浮屠靈濟主其事，勸導辦集，一以委之。公曰：茲惟有作，庶永其寧，克艱創始，實斯人之利，吾其忍拒乎？乃攻山石，用圖長久。渠渠嶽嶽，以雕以斲；穹穹隆隆，以磨以□。屹爾巨□，蟲如崇墉。嵌兩寶以防怒泄，植危欄以固重險。華標岌□，□□睢□，實天下之雄勝也。蓋經始於十七年十月，而告成於二十年三月。工既訖功，乃使使來請曰：願有記。嗚呼！□之廢興，莫不有命，而命之所制在乎人之□慮有合有不合。苟合矣，雖異世而親，不合則雖比肩而不相逮。此所以制物之命而廢興以之。是舉也，順民之□，民勸趨之，上下相親，志同而意合。僕嘉公之勤勞，能不私諸己，因□之□欲，爲經畫謀慮，以有此成績。俾居民□於其往來限阻之嘆，蓋思□其事愈久而愈光，茲其爲德不既大矣乎？且异夫媮容苟合，急目前之利，務快其心者矣。故爲之記，因併述前代所□施設之方，以告後之人焉。

大定二十年春三月十五日，進士王藏器記并篆額，史仲尹書，華州蒲城縣僧雲濟立石，史佽刊。

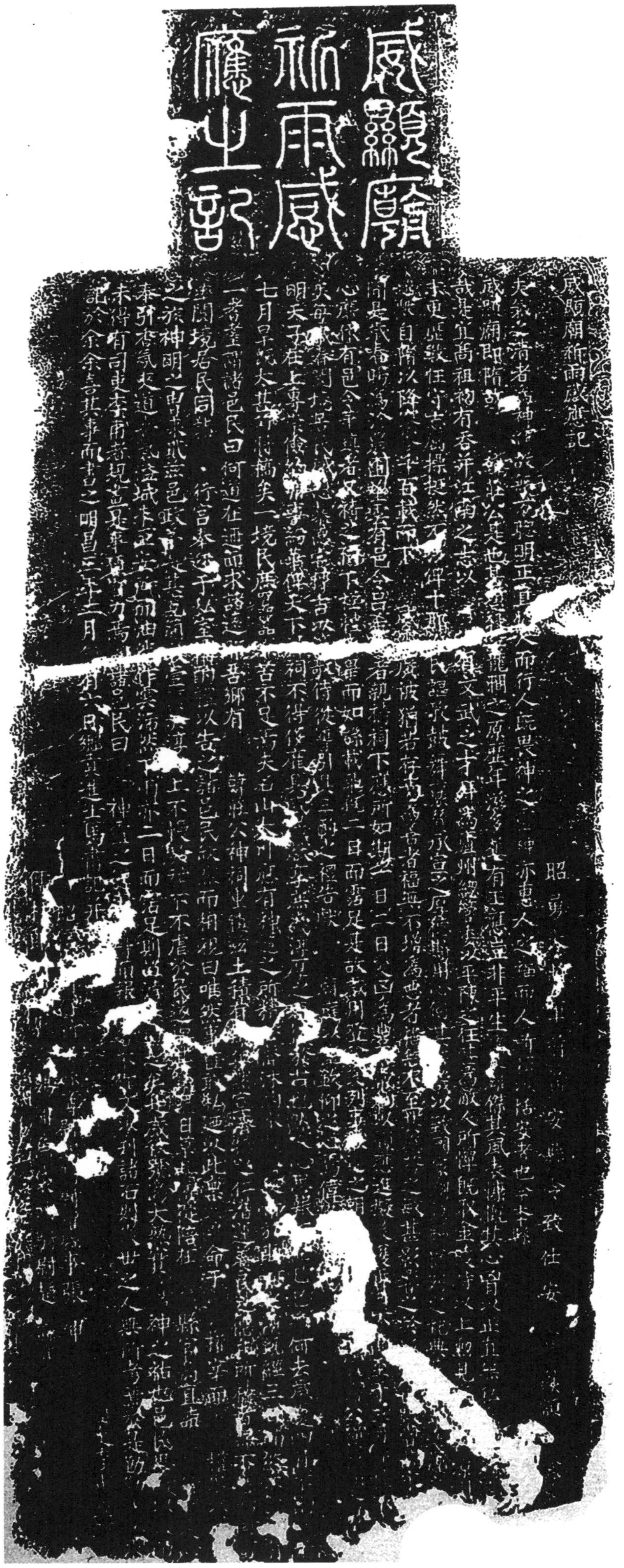
咸顯廟祈雨感應記

35. 威顯廟祈雨感應記

立石年代：金明昌三年（1192 年）
原石尺寸：高 152 厘米，寬 56 厘米
石存地點：洛陽市新安縣鐵門鎮廟頭村

〔碑額〕：威顯廟祈雨感應之記

威顯廟祈雨感應記

夫氣之清者爲神，神故無方，聰明正直，□天而行，人既畏神之靈，神亦惠人之福，而人所□以恬安者也。今本縣威顯廟，即隋故□莊公是也。其□□龍澗之原，歷年滋多，屢有丕應，豈非平生□人雄杰，其風表慷慨，其心胸以正直無私……哉，是宜高祖初有吞并江南之志，以□□有文武之才，拜爲廬州總管，委以平陳之任，甚爲敵人所憚。既取金陵，時以上勳見□□涼州……末更歷數任，守志□操，挺然不□，俾十郡民謳歌鼓舞，褒贊承宣之厚德，斯用心何其□□，以致國家酬勳錫爵，列之祀典……韙歟。自隋以降，寥寥千百載而下，□威靈廣被，猶若存焉。爲善者福無不增，爲惡者禍無不至，其應答之敏，甚影響之。於□□□，嘗……間。是歲春暘爲沴，農囷望雲，有邑令呂希□者，親禱祠下，應所如期，一日二日，變凶爲豐，□□□以顯應，進擬後復□□□。至于三月……心靡依，有邑令辛□者，又禱之祠下，極禮□畢，而如□載飛，既二日而沾足。是故歲用登□。□列事殿□之朝……公謂……矣。每歲春，闔境居民咸思慕德，嘗□吉以□□，侍從導引，具三酌之禮，告獻廟庭，以表欽仰之心焉。偉……明天子在上，專崇儉約，□事紛華，俾天下□祠，不得侈靡，具□□獻享，庶幾淳厚之□□於古也，然人心思報，□□已巳無何，去歲夏四月不雨，□七月旱既太甚，□將槁矣。一境民庶，囂囂□苦不足焉。夫名山大川，應有神龍之所，精□齋沐，酌水□□□而於酬□之須。既經三□，終……一耆耋謂諸邑民曰：何道在邇，而求諸遠，□吾鄉有韓莊公神祠，重鎮茲土，積有□年，□宣濟物之仁，潛運養民之德，誠所禱者，無不應焉。可當率闔境居民，同詣行官，奉迎于私室，□酌禮以告之。諸邑民欣然而相視曰：唯。然事匪敢私，乃以此稟命于權宰，而權宰以□□之族，神明之胄來貳茲邑，政□從其寬簡，□壹□□淳□，上不慢於神，下不虐於民。遂□其□□日，草具儀從，陪在縣官□□詣奉引，香氛夾道，喜氣溢城，未至安所，而油然作雲，沛然下雨，亦二日而沾足，則苗浡□□之矣。是歲秋，號爲大熟，實□神之祐也。邑民思□以□□而未得。有司吏李甫者，規畫是事，□□力焉。□諸邑民曰：神靈之德□□，而報□□不作文，以刊諸石，則後世之人無所考焉。於是勤勤□□，求記於余，余喜其事而書之。

昭勇大將軍、前新安縣令致仕安霖篆額。

明昌三年二月□有六日，鄉貢進士馬蕭記并□，司吏李甫立石。昭信……行新安縣簿尉□□□權縣事張伸，儒林郎、□□縣令、賜緋魚袋武騎尉趙□享……

重修濟瀆廟記

重修濟瀆廟記　　種竹老人誤

大金正大戊子歲自前冬不雪迄今春末雨二麦　河陽梁□瑞書丹　石匠□桑吾劉□

皇帝之心憂民不常遠資政大夫中常侍魚上林□□提點　宮籍監使　內侍局

令尚藥直長高佑載星馳驛受

命呈香禱于

濟瀆顯祐清源王復日至　祠正祠整服索體齋心戒

天誠夜獲嘉應霄雨巳容耕春雪叉及尺俄有神物出涵銜杳吞酒朝

賜銀二万五千里委身孟川長吏防禦使僕散提控同知納蘭和尚辞職督修

聖像謹飾從尊鴛瓦紲天鳳門煇目役未十旬功竣萬數殿廊齋廚創

攜大廈之良材鳩工于重葺體秋氣操碧繪金巖崇

京都畀事奏

上上深敬悅

新也市民嬉游無不祝讚匪　靈應之　神君豈可達哉

謝使者迴

關如

朝廷非　廟貌物成有日易舊更鮮聖哉　神力德哉

天子莫能蕭放

王言德耶聖耶猶不能盡理述焉

正大五年六月十五日監修州東趙源　祠廟道士　郭智常元□

一武節將軍行濟源縣令兼管勾河防常平倉事修廟　接子官納蘭□□

昭勇蔣軍重遷授德府宣慰司□事安軍□開國伯食邑□□省部委差提控納蘭□□

宣授孟州從宜經略使奏國上將軍知防禦使護靈源郡侯□酒食實封□道部委差提控修僕散□□

36. 重修濟瀆廟記

立石年代：金正大五年（1228年）
原石尺寸：高145厘米，寬89厘米
石存地點：濟源市濟瀆廟

〔碑額〕：重修濟瀆廟記

重修濟瀆廟記

大金正大戊子歲，自前冬不雪，迄今春未雨，二麦頗旱，百姓惶惶然。皇帝之心，憂民不咠，遣資政大夫、中常侍兼上林署提點宮籍監使、内侍局令、尚藥直長高佑載星馳驛，受命呈香，禱于濟瀆顯祐清源王。復日至祠，正冠整服，潔體齋心，夙啓天誠。夜護嘉應，膏雨巳容耕，春雪又及尺。俄有神物出海，領紙吞酒，朝闕如謝。使者回京都，异事奏上，上深敬悦，賜銀二萬五千，星委自孟州長吏防禦使、僕散桓端，提控同知納蘭和尚，辭職監修。構大厦之良材，鳩三昧之妙手，重檐叠甃，操碧繪金，嚴崇聖像，謹飾從尊，鴛瓦紺天，鳳門輝日。役未十旬，功興萬數，殿廊齋厨，創作一新也。市民嬉游，無不祝贊。匪靈應之神君，豈可達於朝廷；非聖明之天子，莫能肅於廟貌。物成有日，易舊更鮮，聖哉神力，德哉王言。德耶聖耶，猶不能盡理述焉。

監修州吏趙源，知廟道士楊如謙、李得楨、郭知常、元知一，武節將軍、行濟源縣令兼管勾河防常平倉事、修廟接手官納蘭妙合，昭勇大將軍、遙授歸德府治中兼同知孟州防禦使事、上輕車都尉、廣平郡開國伯，食邑七佰户，省部委差監修納蘭和尚。

宣權孟州從宜經略使、奉國上將軍、知防禦使、護軍、金源郡開國侯，食邑一千户，食實封一佰户，省部委差提控監修僕散桓端立石。

種竹老人撰，河陽梁邦瑞書丹，石匠桑吉、劉通。

正大五年六月十五日。

37. 創建開平府祭告濟瀆記

立石年代：蒙古憲宗六年（1256 年）
原石尺寸：高 105 厘米，寬 60 厘米
石存地點：濟源市濟瀆廟

〔碑額〕：創建開平府祭告濟瀆記

創建開平府祭告濟瀆記

皇帝光嗣天下，六華於茲，凡東夷西戎，莫不我屬。惟南方未服，故外略未遑息，而內治備讚，補偏救弊，寔以治安。雖帝德廣運，亦皇太弟忽必烈有以啓導之也。上深惟親親尊賢之義，歲丙辰，詔開府於嶺北灤水之陽，築城壁，營宮室焉。王恭承明命，乃經界疆理，申畫郊坼，將樹板幹之日，乃下教曰：興是大役，天地神祇寧無觸冒者乎？遂命上清大洞法師王一清作醮五晝夜，昭告上帝。復命一清及府僚李宗傑以金鏤盒持香，導以寶幡，藉以重幣，於五嶽四瀆，投金龍玉冊焉。禮也。秋七月乙卯，甫及覃懷境，時方旱暵，即甘澍優渥。老稚馬首拜舞欣忭，皆曰：此賢王惠我之雨也。丙辰，抵清源王之祠，翌日質明，一清等盛服端肅，以入即事，庶官濟濟，各中其度。三獻禮成，陰雲解駁，冷風清馭，神其悅喜。肹蠁來格，次即龍池，拜獻如禮。已而獲賜履之貺，以答賢王之誠，感應之理，灼然可信。昔者周公以介弟之親，作新大邑於洛，肇稱殷禮，咸秩無文。是則今日賢王之舉，其亦法周公之遺意也夫，噫！開平既立矣。而今而後，土地腴沃，風雨時若，民不夭瘥，物無疵癘，賢俊坌集，翊贊皇朝，享億萬年金城之安，其肇本於此矣，是所以有望於明神者也。

王府士東魯王博文記并書、篆額。

從行禮者長春宮提點曹志濱，宣授懷孟長官馮汝戩立石。

濟瀆投龍簡記

今主上即位之後常以遶境未靖蝗旱間作為憂故頓廢飲饌深自克責遐

不有大祈禳無以答

上天譴告之意擇此十月

命嗣教誠明真人張志敬於中都太長春宮建

金籙普天大醮七晝夜凡星辰三千八百分位以奉

御忽都于思等潔行其禮自午五日為始至二十一日乃罷是時天晴氣暖

萬籟不寂五靈鳥環珮之儀香燈酒菓之侯近代以來曾莫之親有此嚴蕭

神其吐之乎後

命奉

濟瀆水府抬闢十月初一日作醮六十四分位投送金龍玉簡標記善功

禮也自茲之後將自目提舉李志微詣

國祚延長五穀豐登掌籍牛志樞

主上奉天誠教之所致也都此盛惠之事敢不再拜書至元七年閏月五日

前□□知政事少中大夫懷孟路總管楊果記

承務郎總判懷孟路事與也　希晉

武德將軍同□□□□　麻合馬

中大夫□□孟□　帖木兒不花

38. 濟瀆投龍簡記

立石年代：蒙古至元七年（1270 年）
原石尺寸：高 120 厘米，寬 60 厘米
石存地點：濟源市濟瀆廟

〔碑額〕：大朝濟瀆投龍簡記
濟瀆投龍簡記

今主上即位之後，常以邊境未清、蝗旱間作爲憂，故夙夜競兢，深自克責。謂不有大祈禳，無以答上天譴告之意。擇此十月，命嗣教誠明真人張志敬於中都大長春宮建金籙，普天大醮七晝夜，凡星辰三千六百分位，以奉御忽都于思等攝行其禮。自十五日爲始，至二十一日乃罷。是時天晴氣淑，萬籟沉寂，其簪舄環佩之儀，香燈酒菓之供，近代以來，曾莫之睹。有此嚴肅，神其吐之乎？復命奉御嚴忠祐掌籍，張志仙提舉，李志微詣濟瀆水府，於閏十一月初一日，作醮六十四分位，投送金龍玉簡，標記善功，禮也。自茲之後，將見國祚延長，五穀豐登，田邊寧謐，我主上奉天誠教之所致也。睹此盛德之事，敢不再拜書？至元七年閏月五日。

前參知政事、少中大夫、懷孟路總管楊果記。承務郎、總判懷孟路事奧屯希魯。武德將軍、同知懷孟路事麻合馬。中大夫、懷孟路達魯花赤帖木兒不花。

皇太子燕王嗣香碑記

觀易震彖述儲貳之盛則曰不喪匕鬯出

可以守

宗廟社稷以為祭主也宗子之任不其重歟

皇太子燕王以蝗妖滅息年穀豐登代

命祀于

濟瀆乃遣孫著祗捧香幣於二月十二日

陳醮于

神庭其行事恭恪闡壇整肅諒之感於

幽其矣既畢總府知事李思敬乃曰

太子之純孝

元妃之精誠登而

上間將見福祿其湊

皇家社稷永永于安矣宜勒石之徵予作記

抂是乎敬為之書

至元九年二月 日前平陽路都※※李※※記

知濟瀆廟※郭若能

宣授濟瀆廟提點大師李若俰立石

元真刊

39. 皇太子燕王嗣香碑記

立石年代：元至元九年（1272 年）
原石尺寸：高 66 厘米，寬 77 厘米
石存地點：濟源市濟瀆廟

皇太子燕王嗣香碑記

觀《易》震象，述儲貳之盛，則曰不喪七鬯，出可以守宗廟社稷，以爲祭主也。宗子之任，不其重歟！皇太子燕王以蝗妖滅息，年穀豐登，代命祀于濟瀆，乃遣孫著祗捧香幣，於二月十二日陳醮于神庭。其行事恭恪，閭壇整肅，諒足感於幽冥矣。既畢，總府知事李思敬乃曰：太子之純孝，元妃之精誠，登而上聞，將見福禄其湊，皇家社稷，永永于安矣。宜勒石之。徵予作記，於是乎敬爲之書。

至元九年二月□日，前平陽路都教授李惟深記。

知濟瀆廟事郭若能、宣授濟瀆廟提點大師李若存立石。元真刊。

濟南七十二名泉散在玻
陀百里川未似共城祠下
水千寮併出畫欄前
半空風雨山頭樹十頃玻
璃水底天孤客南來無着
慶相宜只有百門泉

永年　王磐

翰林大學士永年王先生隱於共時嘗
游靈源作此二詩嘗于涌金之東楹嚴
陵久坐于垂謂本訓大夫阿潾不花率
眾芟新之邑人樊澤十室之信也懼是
役中詩或民鳥出不朽之計募工刻石
命予記之覽先生所以塞克四海龍光
百代弥久而彌新者發而為實華懇雅
致理之醉予囘謂子非傳先生之詩於
無窮殆揭吾雲山之精華於不朽也至
元十年上巳日耶律沃記

共山　樊澤　立石

40. 翰林大學士王永年咏百泉詩碑

立石年代：元至元十年（1273 年）
原石尺寸：高 36 厘米，寬 60 厘米
石存地點：新鄉市輝縣市百泉涌金亭

濟南七十二名泉，散在坡陁百里川。未似共城祠下水，千竅併出盡欄前。

半空風雨山頭樹，十頃玻璃水底天。孤客南來無着處，相宜只有百門泉。

永年王磐。

翰林大學士永年王先生隱於共時，嘗游靈源，作此二詩，書于涌金之東楹。歲既久，亭宇垂躓，奉訓大夫阿隣不花率衆葺新之。邑人樊澤，十室之信也，懼是役中詩或泯焉，出不朽之計，募工刻石，命予記之。噫！先生所以塞充四海，龍光百代，彌久而彌新者，發而爲實華懇雅致理之辭。予固謂子非傳先生之詩於無窮，殆揭吾雲山之精華於不朽也。

至元十年上巳日耶律沃記。

共山樊澤立石。

41. 代祀濟瀆投龍簡記

立石年代：元至元十二年（1275 年）
原石尺寸：高 71 厘米，寬 79 厘米
石存地點：濟源市濟瀆廟

代祀濟瀆投龍簡記

今皇帝意謂纂祚以來，上天垂祐，國泰民安，特遣代禮官中順大夫、左侍儀□御也先乃賫御香法信，醮用物儀，詣大都玉虛觀修建金籙，大祭三晝夜。於正月二十八日，集十方經籙道士一壇，預奏上天，開聞三界。二月一日，奏表發牒，啓行法事。至初三日子刻，設醮三百六十分位，進詞拜表。質明事畢，續奉聖旨，復委宣授掌管諸路正一大道七祖圓明、玄悟真人杜福春、奉御黑□賫奉金龍玉簡，紐璧青絲，詣濟瀆靈泉水府投進。於三月初三日，率領中順大夫、懷孟路總管兼諸軍奧魯嚴忠祐，從仕郎、濟源縣尹兼諸軍奧魯趙鎮，主簿兼尉郭衡，就濟瀆淵德殿修設太上投龍進璧清醮二十四分，仰表□□靈明，用伸誠懇。有茲盛事，當紀其實，因□□□□記云。

至元十二祀三月□日，懷孟路教授□□袁志遂記，宣授濟廟提點李若存、知廟郭若能立石。

進士史芝書丹。

孟州重修濟瀆行宮之碑

余聞天而能化之謂聖聖而不可知之謂神神德顯變化陰陽不測有感皆迅無遠弗屆是号……

42. 孟州重修濟瀆行宮之碑

立石年代：元至元十六年（1279 年）
原石尺寸：高 149 厘米，寬 73 厘米
石存地點：焦作市孟州市濟瀆廟

〔碑額〕：孟州重興濟瀆行宮之碑

孟州重修濟瀆行宮之碑

余聞大而能化之謂聖，聖而不可知之謂神。隱顯變化，陰陽不測，有感皆通，無遠弗屆。是易所謂：崇效天，卑法地，而知周乎萬物者也。粵自太極肇判，三才鼎立，伏羲畫八卦以定山川，唐虞封五山以祀岱嶽。五嶽既立，四瀆由興。古孟之西邑曰濟源，地有濟瀆之神，乃清源王之聖迹也。神聰明正直，忠烈無私，位天壤之兩間，司淵德之廣澤，功扶社稷，福佑生靈。上佐天時，運陰陽之化育；助行大道，明善惡之宏機。昔大唐之世，旱魃為虐，李繼安祈禱于瀆，應時感通，歲獲豐稔，廣澤之惠，遍於四方。國朝之祀典欽崇，萬姓之朝恭敬禮。以致士、農、工、賈，江河舟楫，商旅負販之徒，莫不依賴□神靈，均蒙福祐也。孟之西市王之行祠，實以歲月寖久，廟宇□頹。風振雨淋，盡毀神靈之□；星移物換，殆成荊棘之場。今士民念不朽洪恩，故夙夜莫遑寧處。市民李志安等，奮身為首，教化興修，召募善緣，共成勝事。鳩工集匠，輪奐一新。既而清虛大教嗣法許道玄，特捐己囊，命工塑繪聖像。王之祠宇，革故鼎新。豈惟神聖之顯靈，重啟鄉邦之瞻禮。今工緣告畢，命予屬文，欲勒諸石，以紀歲月，殆欲使後人睹甘棠而思召伯，過河洛而念禹功。與我同志之人，復嗣而輯之，庶神休之不朽也。

宋奉議郎前郴州桂陽縣令兼本州僉書判官趙昶撰，□宗大師知神霄宮賜紫張攸明篆額書丹，施石石匠李真同、張順造。

化緣修造功德主李志安立石，捨塑繪聖像功德主清虛大教法師許道玄立石。

時大元國至元十六年歲次己卯四月丁丑朔上七日。

重修天地水三官廟記

懷孟路儒學正李孝純撰

懷孟路魅擇陰陽官管勾王德政書丹并篆頭

大元至元二十四年歲次丁亥清明前二日前孟州祗應所官大使□玉立石

43. 重修天地水三官廟記

立石年代：元至元二十四年（1287年）
原石尺寸：高122厘米，寬70厘米
石存地點：焦作市孟州市摘星樓

重修天地水三官廟記

大而化之之爲聖，聖而不可知之之爲神。神也者，妙萬物而爲言，故知夫覆萬物者莫大乎天，載萬物者莫厚乎地，潤萬物者莫潤乎水。天地即萬物之父母，水則五材□長，期以成終而以成始也。然則三官之號，他書不載，獨道經稱之，其詳不可得聞。蓋取無極之道，一以生二，二生三，三生萬，自是而計，無不在其中矣。而又上世貴質，制有鳥官人官，故以三爲元數，官爲定名，從省文也。且天地未形之間，馮馮翼翼，洞洞灟灟，大昭虛霩，氣有漠垠，清揚者薄靡而爲天，重濁者滯凝而爲地。清揚之合博易，重濁之凝難竭，所以天成而地定。然後判而爲陰陽，分而爲四時，化而爲萬物。積陽之氣爲火，火爲日，積陰之氣爲水，水爲月。天運日月星辰，乾健也；地受水潦塵埃，坤順也。天傾西北，地不滿東南，天圓而地方，圓主明，方主幽，明者尸外，幽者職內。故陽施而陰化，怒而爲風，和而爲雨，感而爲雷，激而爲霆，凝而爲霜雪。順之則福至，逆之則害生。垂象示人，莫知其所以然而然矣。王者之興，仰觀俯察，法天地而育群品，效四時而生萬物。德同雨露，施及草木，天人相通，罔有悖戾。風雨時，寒暑調，災害不生，五穀繁殖，庬恩洪澤，延及橫目之民，斯非王者承天地之明德，生靈之所大願也？三城河陽，古今號爲雄郡，一舍之內，土膏脉起，抱城西東，有崗隆然。首尾象臥龍之形，盤紆弟□，長河經于南，行山在其北。肘王屋而腋溫土，其壯麗若有不能形容者矣。故老遺傳：晋宣王時，望氣者云：此地有天子之兆。命役塹土數十尺，得根許大斷之。是夕一星如斗，殞落其下。後之人協以是吉，樹爲神祠，歲時香火，奉答天地之休，姑以謫星目之，就紀其實。而廟貌喪亂已來，悉爲灰燼。鄉之瑤臺翠觀，但荆榛瓦礫爾，過者盡然。邑中耆艾盖玉瞻視虛墟，慨然有興復之志。曰：神依人而行，幸今聚落稍安，而使神乏祀享，非所宜也。乃懇捨己財，勸率里閈中巨族段謹等十餘家，鳩工聚材，□因基抻殿，上棟下宇，不敢陋而亦不敢侈。其廟也，向背宏敞，檐牙高啄，丹青赭堊，各得其宜。配食以商湯、岱嶽府君之祠，禮也。兩序相向，盈縮準度，譙門遠示，高容樹戟。繪像端拱，森然在前。徐闕張樂之所，同邑人師宣、楊存、欒茂等，憫其未完，共辦工費，不啻千餘緡，他亦稱是，継而落成。止有後殿浸舊，糾首龐公重加整正，中外炳耀，焕然爲之一新。殆以敬恭明神，非直爲觀美也。當其佳花茂木，遠近迷漫，雅有塵外之別，真神人所主之地乎！時遇旱溢，禱爾輒應，邦人賴之，靡有菜色。噫！使曩昔兒童翫狎，狐狸穴處之域，今更爲犧牲幣帛嚴趨之陛。仁人之心，豈徒然哉！异日玉樹生庭，門容駟馬，未必不由此也。始於國朝戊戌，終於至元庚辰之秋。百工告成，邑之父老鑒其陵谷變遷，覩壘次第，莫可探考，共思鏤石，示于將來。請祝於河內士人君政王公，暇日掇拾興情，而懇求不腆之文，誌其本末。僕深讓弗獲，益偉其誠，乃濡翰書其梗，曁因繫之以辭云：

盟津之塽，土沃地偏。龍断周控，隆崇蜿蜒。司馬御極，雨星自天。居人勿替，祀典仍緣。燭灰殆盡，廟貌益鮮。棟宇飛躍，丹腹昭宣。春秋嚴設，享禮不愆。潔粢豐盛，清豆大籩。神之格斯，歆饗端然。民亦樂只，屢舞躚躚。惟民敬神，始終有焉。惟神惠民，降福綿綿。聖朝鼎盛，

億萬斯年。刊諸翠琰，庶同永傳。

懷孟路學正李孝純撰，懷孟路克擇陰陽官管勾王德政書丹并篆額。

大元至元二十四年歲舍丁亥清明前二日，前孟州祇應所官大使盖玉立石。

靡而爲天重濁者滯凝而爲地清揚之合博
積陰之氣爲水水爲月天運日月星辰乾健
施而陰化怒而爲風和而爲雨感而爲雷激
天地而育群品勁四時而生萬物德同雨霑
承而起天地之明德生靈之所大顧也三城河陽
在其北肘王屋而後腋溫土其壯麗若有不能
如斗嶺落其下後之人以是吉樹爲紀其
香火奉卷天地之休姑以諭星目之就稍安
有與後之志曰神農人而行幸令聚落稍安
不敢隨而亦不敢修其廟也向背宏敬篯牙

《重修天地水三官廟記》拓片局部

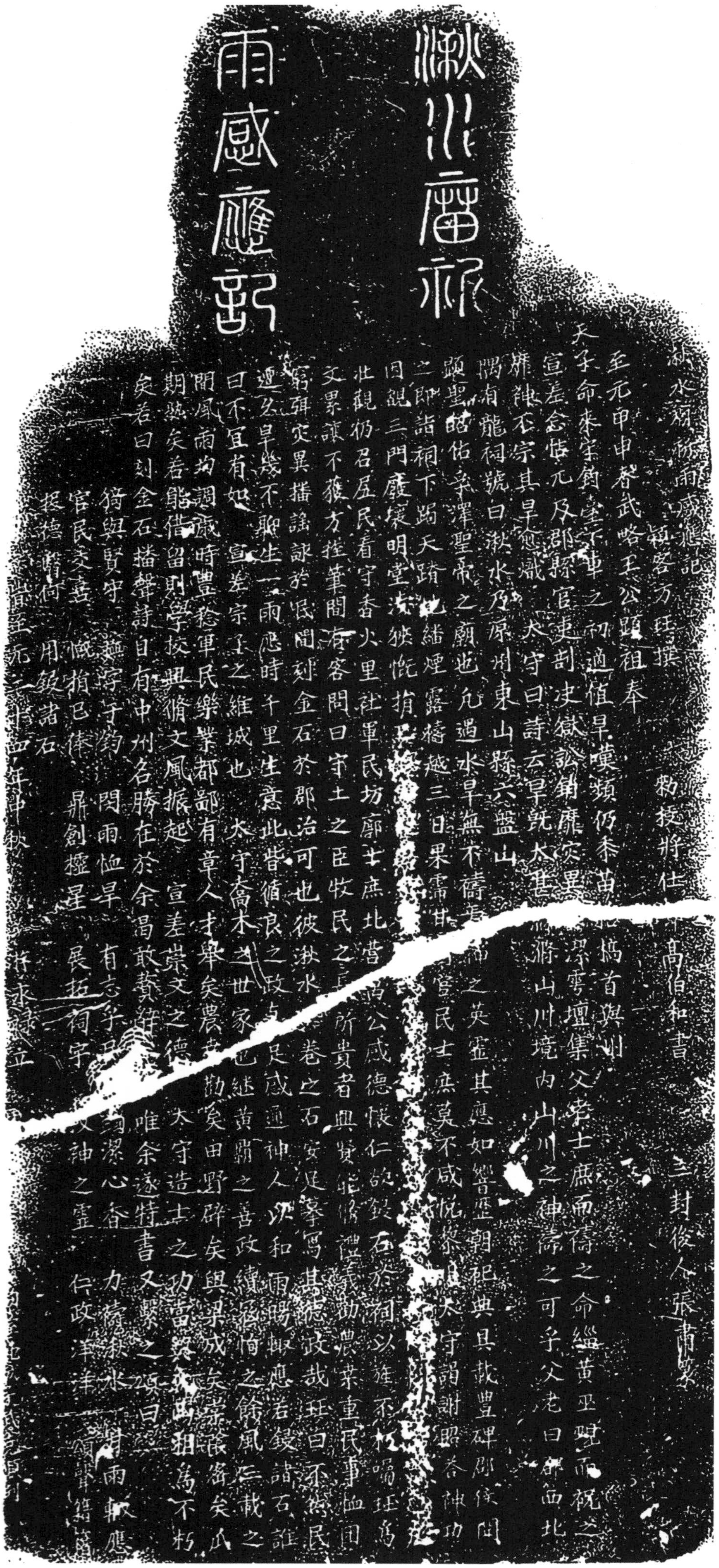
湫水靈祠
雨感應記

44. 湫水廟祈雨感應記

立石年代：元至元二十四年（1287 年）
原石尺寸：高 213 厘米，寬 52 厘米
石存地點：許昌市禹州市湫水廟

〔碑額〕：湫水廟祈雨感應記

湫水廟祈雨感應記

至元甲申春，武略王公顯祖，奉天子命來守鈞臺。下車之初，適值旱暵頻仍，黍苗枯槁，首與州宣差念怙兀及郡縣官吏剖決獄訟，銷靡災异，□潔雩壇。集父老士庶而禱之，命緇黃巫覡而祝之，靡神不宗，其旱愈熾。太守曰：《詩》云：旱既太甚，□滌山川。境內山川之神禱之可乎？父老曰：郡西北隅有龍祠，號曰湫水，乃原州東山縣六盤山顯聖昭佑孚澤聖帝之廟也。凡遇水旱，無不禱焉，神之英靈，其應如響，歷朝祀典，具載豐碑。郡侯聞之，即詣祠下，跼天蹐地，繙烟露禱。越三日，果霈甘□，官民士庶莫不咸悅。黎□太守謁謝，昭答神功。因睹三門廢壞，明堂淺狹，慨捐己……壯觀。仍召居民看守香火，里社軍民、坊廓士庶、北營□公，感德懷仁，欲鋟石於祠，以旌不朽。囑珏爲文，累讓不獲，方握筆間，有客問曰：守土之臣，牧民之長，所貴者興賢能、修禮義、勸農桑、重民事、恤困窮、弭災异，播謠咏於民間，刻金石於郡治可也。彼湫水□卷之石，安足摹寫其德政哉！珏曰：不然。民遭久旱，幾不聊生，一雨應時，千里生意，此皆循良之政，□足感通神人以和，雨暘輒應，若鋟諸石，誰曰不宜？有如宣差。宗子之維城也，太守喬木之世家也，継黃霸之善政，續寇恂之餘風，三載之間，風雨均調，歲時豐稔，軍民樂業。都鄙有章，人才舉矣，農桑勸矣，田野辟矣，興梁成矣，棠陰密矣，瓜期熟矣。若能借留，則學校興修，文風振起，宣差崇文之德，太守造士之功，當與□山相爲不朽矣。若曰刻金石、播聲詩，自有中州名勝在，於余曷敢贅辭？唯余遂特書，又繫之頌曰：

猗與賢守，撫字于鈞。閔雨恤旱，有志乎民。蠲潔心香，力禱湫水。甘雨輒應，官民交喜。慨捐己俸，鼎創櫺星。展拓祠宇，□神之靈。仁政洋洋，頌聲籍籍。報德翳何，用鋟諸石。

潁客方珏撰，敕授將仕郎高伯和書，三封後人張蕭篆。

時至元二十四年中秋游永祿立，鈞臺純誠子武克順刊。

45. 濟瀆靈异記

立石年代：元至元二十四年（1287年）
原石尺寸：高53厘米，寬72厘米
石存地點：濟源市濟瀆廟

濟瀆靈异記

前榮祿大夫、平章政事賽興赤三子，太中大夫、燕南河北道宣慰司同知忽辛先，至元戊寅，授南京等路宣慰、同知，暨同僚謝宣慰、高副使適莅事，間遶有一人直赴訟庭拜禮，遂詢所由，其人乃曰：姓劉，恩州人氏，身歿三日復生。云見冥官爲誤攝放還。皂隸等徵問錢物，答曰無。其冥司皂隸言，可於賽平章男口京宣慰司同知平正庫内借錢物，引至庫，標記姓名，借訖錢一佰伍拾貫。回言無可償，稱如達陽關於賽同知處，禮一百五十拜，飼馬百日，可償所借錢債。於是悉依前語，拜禮飼馬，還家。其靈驗如此，人皆以爲异。歲至元丙戌，除燕南河北道宣慰同知。至至元丁亥九月上旬五日，因公務至濟祠，齋戒沐浴，越七日祀香于神前。禮畢，盤桓池右，俄有宝盒异香自水府涌出，若神授焉。從行禮者令史柴文煥、奏差吕仲禄、八都魯焦泉、懷孟案牘李通、府吏王從善咸曰：信哉！天人之感通，神靈之昭晰，蓋公之至誠之所致也。有兹盛事，可不贊揚之萬一？命予作文以紀之。於是乎敬書。

至元二十四年重九日，典史鄭純祐、主簿兼尉徐秉中、從仕郎前縣尹僕散蕭、從仕郎縣尹李天祐、敦武校尉達魯花赤沙的。

進士王光祖修撰并書丹，本道宣慰司外郎柴文煥題額，本廟提點張道淵、知廟馮道柔、副廟周居敬立石。張義刊。

至元己卯寺秋

皇子鎮南王暨元妃睨烈意謂欽

帝命鎮守御荒感邊境以無虞致人民之寧

救寔頼我

祖考大德之昭著神靈之所祐也是以謹

遣童九的斤驔馬搏見赤咳都必閣赤梁與

魯利賁香紙柔毛庶羞之奠於九月重陽日

致祭于

濟瀆顯祐清源王祠下仍以清酌一博投于

靈池少項忽有綉履銀殍潮獻而出眾皆驚

訝蓋謂行禮恭肅誠懇洞達於幽冥感格於

神明昔也至元庚黃

爷昔復遣童九的斤驔馬右丞阿散必閣赤

忻都賁香紙柔毛以綉履二尉銀殍投于

靈淵靈赤兼官諸軍奧魯勸農事前禮部尚

達魯遠從仕郎濟源縣尹兼諸軍奧魯勸農

書怡遠祐皆與祭焉日昱列石以紀之命

事李志遂為記由是史芝敬書

以為記由是史芝敬書

至元廿七年四月晦日蘭源縣達魯花有

上沙的主簿兼對孫軍嘉典吏史玉彌立石

46. 皇子鎮南王祭瀆記

立石年代：元至元二十七年（1290 年）

原石尺寸：高 66 厘米，寬 64 厘米

石存地點：濟源市濟瀆廟

至元己丑秋，進士王光祖□□。

皇子鎮南王暨元妃晚烈意謂，欽承帝命，鎮守南荒，庶邊境以無虞，致人民之寧敉，實賴我祖考大德之昭著，神靈之所祐也。是以謹遣童丸的斤、駙馬博兒赤唆都、必闍赤梁奧魯剌賫香紙柔毛庶羞之奠，於九月重陽日，致祭于濟瀆顯祐清源王祠下，仍以清酌一罇，投于靈池。少頃，忽有綉履銀牌潮獻而出，衆皆驚訝。蓋謂行禮恭肅誠懇洞達於幽冥，感格於神明者也。至元庚寅，令旨復遣童丸的斤、駙馬右丞阿散、必闍赤忻都賫香紙柔毛，銀牌綉履，於孟夏乙酉詣神祠焚香致祭，仍以綉履二對銀牌投于靈淵，如神之親授焉。於是，正議大夫、懷孟路達魯花赤兼管諸軍奧魯勸農事、前禮部尚書怗達，從仕郎濟源縣尹兼諸軍奧魯勸農事李天祐，皆與祭焉。僉曰：宜刻石以紀之。命□爲記，由是史芝遂爲之敬書。

至元廿七年四月晦日濟源縣達魯花赤沙的、主簿兼尉孫重喜、典史王弼立石。

唐宋金元

121

47. 加封北海廣澤靈祐王記

立石年代：元至正二十九年（1292年）
原石尺寸：高150厘米，寬74厘米
石存地點：濟源市濟瀆廟

〔碑額〕：大元加封北海廣澤靈祐王記

加封北海廣澤靈祐王記

我大元聖天子即位以來，乾清坤夷，臣上古不臣之國，日出日没，俱爲一家。而又陰陽和協，年穀屢熟，民物阜康，熙熙如也。上意以謂何由臻此？皆祖宗垂祐、神明幽贊之力致然也。乃頒詔曰：朕惟名山大川，國之列祀，嶽瀆四海，皆在區宇之内，弗各加上其徽號，無以致敬恭之意。由是册尊諸神，而有差等，各遣官詣祠以告。今加封北海爲廣澤靈祐王。雖封號定議，獨未有人以行。朝野僉曰：北海之神，前代設祠于濟瀆水府之北，而望祭焉。兹乃可循舊制之舉也，豈小哉？非名德大賢，不足以代行此禮。惟玄門掌教大宗師輔元履道玄逸真人張志仙可。上然其言，特命近侍阿的迷失怗□兒副其行，及又命兼祀濟瀆善濟王之神。即日戒塗，徵車南走，用至元二十九年三月下旬九日至濟祠，車甫及脱，池水忽分，樽酒突出，蓋先神意之喜也。四月朔日，嚴修祀事，樽俎未撤，又賜紅綉履，緺□其一。衆目駭觀，咸珍靈貺。□日恭詣北海王祠下，庶羞之奠甫設，上代慶雲，屬于天下，則瑞登□乎地，甘澍繼作，又非神意之喜耶。翌日，天晴氣朗，山川草木于是而增光，僚吏士庶以之而胥悦。是則可紀也歟！路官乃命思問爲記，以紀盛德之事。蓋嘗謂誠者天之道，思誠者人之道。至誠而不動者，則未之有不誠，未有能動者也。斯則先之以聖意敬神之肅，終之以使者奉命之嚴。可謂以誠契誠，以敬合敬，宜乎衆祥并臻，以表崇極之禮。雖然，必也人事盡，然後神意隨此定，理也。或者以謂天地之無偏恩，而神龍乃有私藏，信不誣矣。於是乎敬書。

至元二十九年六月望日懷孟路儒學教授祁思問記。

崇信履真大師提點濟瀆廟張道淵，知廟馬道柔，副廟周道敬，同副廟范道堅。懷孟路濟源縣主簿兼尉兼管本縣諸軍奧魯事李遵義，徵事郎懷孟路濟源縣尹兼管本縣諸軍奧魯兼勸農事石抹恒古觲，進義校尉懷孟路濟源縣達魯花赤兼管本縣諸軍奧魯勸農事亦老女兒，承事郎懷孟路同知孟州事兼管諸軍奧魯事趙穆篆額。承務郎懷孟路孟州達魯花赤兼管本州諸軍奧魯兼勸農事扎剌兒女，武德將軍同知懷孟路總管府事兼管本路諸軍奧魯官須別失八里局人匠賽甫丁立石。

玉川張儀刊。

48-1. 河內縣廣濟屯創建成湯廟記（碑陽）

立石年代：元元貞元年（1295 年）

原石尺寸：高 172 厘米，寬 77 厘米

石存地點：焦作市博愛縣柏山鎮上屯村湯王廟

〔碑額〕：創建成湯廟記

河內縣廣濟屯創建成湯廟記

大道無形而生於有形，至神無方而應之有方。且夫民以至誠感神，神必以禎祥應之者也。廣濟屯歲遭大旱，趙聚成、孟德、王溫各啓誠心，請禱於小淅山之廟，沛然而降足雨，此其以至誠獲應禎祥之驗矣。里之人被此恩澤，訴然而相謂曰：夫廣濟屯據行山之陽，沁水之北，川原穎秀，風俗充和，丹東佳麗之地也，宜建祠堂，以時享祀，庶答神明之既，庇庥此方，爲之光華也。衆皆以爲然。於是社長王成施其廟地，桑榮、秦立、賈恩、王清暨諸好事鳩集良材，規畫費用，擇日經始，不期年而告成。其廟貌巍然，神威儼若。於是掌陰陽官申榮欲將此崇功鐫諸石上，以彰聖德，垂於無窮。乃相率里人而來，囑余爲文，余以耄鈍淺聞辭之不克，勉而爲之云爾。蓋聞湯居亳，葛伯放而不祀，湯始征之。《書》曰：湯征諸侯，自葛載十一征而天下無敵焉。是以遭桀之亂，民墜塗炭，伊尹相之，以伐夏救民，民大悅，皆曰：非富天下也，爲匹夫匹婦復讎也。遂繼桀升爲天子，受明命，制立殷邦，爰革夏政，以有九有之師，而天下咸服矣。其德澤流乎萬世，黎民懷之，在在處處，營建離宮，凡遇水旱，禱無不應，使天下之人齊明盛服以承祭祀，迄今而不輟焉。時元貞元年正月望日爲記，其辭曰：

天命玄鳥，降而生商。嚴明禮質，撫綏四方。以禮制心，以義制事。不邇聲色，不殖貨利。作廟翼翼，福祿攸齊。《銘盤》自戒，聖敬日躋。纘禹之績，順堯之則。厥德不回，以受萬國。宜君宜王，有紀有綱。千秋萬載，享祀無疆。

懷孟路陰陽官申榮立石，清化鎮進士王繼先撰。

承直郎河南府路府判許師敬書丹。

大元元貞元年歲次乙未二月壬午日，王封里石匠靳顯刊。

48-2. 河内縣廣濟屯創建成湯廟記（碑陰）

立石年代：元元貞元年（1295 年）
原石尺寸：高 172 厘米，寬 77 厘米
石存地點：焦作市博愛縣柏山鎮上屯村湯王廟

趙□施鈔十五兩　牛全施鈔五十兩　李大夫施中統鈔三十三兩　孫温正殿施中統鈔二十貫
孫興正殿施中統鈔卅伍貫

本村來聚正殿施中統鈔卅伍貫　又□土地廟施鈔八貫

本村木匠魏成施鈔壹定　鐵匠秦榮　本村陳用施正殿宝鈔叁拾貫又鈔十兩

社長王成施廟地一所又施鈔伍拾貫、小麦一頭、檁一条

大德三年蓋土地并龍王庙維那頭社長王成

副維那魏進　木匠李秀施鈔壹定

副維那段平女塔木匠李秀施鈔壹定

木匠鹿興施钞壹定

宋興施正殿中統鈔三十兩

劉大施正殿中統鈔一十八兩

李茂施正殿中統鈔二十兩

張德施正殿中統鈔八兩

蘇德施正殿鈔八兩

李子和施正殿鈔二十兩　張成施鈔四十兩

陶成施正殿鈔二十七兩　趙大施鈔四十兩

魏順正殿施中統鈔二十二貫

大德元年功德主趙聚新修太尉殿一座妝塑聖□一尊

創建子孫殿一座維那頭秦全

創建東庙廊六間維那頭雷寬

創建西庙廊六間維那頭張義

歸義屯張敬祖施鈔二兩

唐宋金元

49-1. 投龍簡記（碑陽）

立石年代：元延祐元年（1314 年）
原石尺寸：高 140 厘米，寬 64 厘米
石存地點：濟源市濟瀆廟

〔碑額〕：投龍簡記

投龍簡記

今上御極之初，勵精庶政，事神治人，誠明殫盡，中外大和。皇太后母儀懿恭，思齊內治。惟皇帝嗣大歷服，載稽舊章，乃孟夏壬寅朔，命特進上卿玄教大宗師志道弘教沖玄仁靖大真人張留孫等，建周天大醮于南城長春宮，列位二千四百，領天下羽士餘千人，薦科宣儀，禮於上真，凡七晝夜已。皇帝、皇太后復命集賢司直奉訓大夫臣周應極、洞玄明德法師崇真、萬壽宮提舉臣陳日新，乘傳封香，奉玉符簡、黃金龍各二，詣濟瀆清源善濟王廟、天壇王母洞投沉，□□□焉。應極等以六月乙巳至濟源祠，肅恭芝兹，陳藏醮禮。翼日丙午，昧爽致□，命藏龍簡於濟淵，水清可鑒。是夜，天大雷電以風，沛然下雨，田疇枯槁，頓爲沾足。越三日己酉，至天壇紫微宮，如濟禮。明日登壇，扣王母洞，投送禮成而退。時天氣清朗，日呈五色，回未及山麓，而雲起自洞後，雷雨隨至。前一日，抵紫微宮，雷雨亦如之。其守土與祀事之臣懷孟路總管府判官郭甫、孟州判官韓樂、濟源縣令王伯翼等，咸請曰：皇帝在昔龍潛，而懷孟實湯沐之邑。今兹飛龍在天，光烈如此，首有事于天壇、濟源，而山川之靈感，若是不有紀勒，何以昭示于後？勉臣記其事，臣奉命此來，不敢以不敏謝，謹書以授之。

至大辛亥夏六月臣周應極頓首謹記，集賢侍講學士、中奉大夫臣趙孟頫書，嘉議大夫、禮部尚書臣郭貫篆額。

延祐元年青龍甲寅八月壬午朔，通議大夫、懷孟路總管兼管諸軍奧魯管內勸農事臣弨禮立石，玉川張天祐刊。

〔注〕：碑存濟源市濟瀆廟內，元延祐元年立石（1314 年），至大四年（1311 年）周應極撰文，趙孟頫書丹，郭貫篆額。該碑爲青石質，圓首，碑身與碑首相連，通高 140 厘米，寬 64 厘米，厚 22 厘米，行楷書。文記述元仁宗登基之始，派欽差大臣周應極等人，捧黃金龍、玉符簡，祭祀濟水神和王屋山，投簡禱雨的過程。

济渎庙真[　]庙
济渎庙真庙　副
济渎庙　知庙　玄真
济渎庙　　廟　　　廟　　副一廟
济渎庙天慶宮　副提點　沈通義　大師
济渎庙天慶宮西廊提點　疑真　太師　劉
提點熙洞微純素　張道
人慶宮两廊提舉熙明道真　大女師孫　道道
人慶宮两廊提舉熙通義遠真　女師　道
典義遠真大師　道遠
史　　　師　常敬道洋
　　縣主簿　趙勝兇臣
懷孟路濟源縣　源縣　徐
懷孟路濟源　　尉
懷孟路濟源縣尹兼管本縣諸軍奥魯勸農事劉義
承事郎懷孟路濟源縣達魯花赤兼管諸軍奥魯勸農事
承務郎懷孟路濟源縣蓮魯花赤兼管　　敬

49-2. 投龍簡記（碑陰）

立石年代：元延祐元年（1314 年）
原石尺寸：高 140 厘米，寬 64 厘米
石存地點：濟源市濟瀆廟

　　濟瀆廟副廟劉道源，濟瀆廟知廟玄真大師陳道顯，濟瀆廟提舉光義大師姚道興，濟瀆廟副提點凝真通玄大師張道亨，濟瀆廟天慶宮兩處提點洞微純素大師覃道應，濟瀆廟天慶宮兩處提點明道通真大師孫道遠，前濟瀆廟天慶宮兩處提點通義遠真大師王道深，典史常敬臣，懷孟路濟源縣尉趙勝忽兒，懷孟路濟源縣主簿徐杦，承事郎懷孟路濟源縣尹兼管本縣諸軍奧魯勸農事劉□敬，承務郎懷孟路濟源縣達魯花赤兼管本縣諸軍奧魯勸農事教化。

唐宋金元

太元
投奠
龍簡
之記

聖天子鑒御

皇太后省躬警誡已布
殊恩特降上卿志道
留孫育門掌教真人孫德彧尊稚大都
長春宮設醮金籙普天
六雕列位三千六百靡自十
二月十一日九夜事已告成

延祐二年乙卯冬十月上□不星芒下燉

人蔡天祐賫持讀學生
彝道集賢賢待讀
寶香玉剖符簡玄都
漬漬靈源投奠兩辰春
六十四倍中議大夫懷孟路總管韓誼同儞祀事翼
簡金龍青絲玄璧曰已東昇天氣霽朗水光澄澈遊魚洋洋瓶
濟源縣達魯花赤教化縣君劉知敬主簿徐投縣尉趙縣溫
黯枕籍幣帛縱橫餘豈所見也書以
日立石府史林賫主信縣典史于天民興馬

50. 大元投奠龍簡之記

立石年代：元延祐二年（1315 年）
原石尺寸：高 107 厘米，寬 59 厘米
石存地點：濟源市濟瀆廟

〔碑額〕：大元投奠龍簡之記

大元投奠龍簡之記

延祐二年乙卯冬十月，上示星芒，下儆鑾御，聖天子、皇太后省躬警誡，已布殊恩，特命玄教大宗師特進上卿志道、弘教冲玄仁靖大真人張留孫、玄門掌教真人孫德彧等，於大都長春宮設建金籙普天大醮，列位三千六百。肇自十二月十一日，凡九晝夜，事已告成。尋遣集賢侍讀學士、中奉大夫李俔、太一崇玄體素演道真人蔡天祐，賫持寶香玉刻符簡玄璧金龍，敬詣濟瀆靈源投奠。丙辰春三月甫達祠下，初七日庚辰恭建清醮六十四位。中議大夫、懷孟路總管韓誼同修祀事。翼日投奠玉簡金龍，青絲玄璧，日已東升，天氣霽朗，水光澄澈，游魚洋洋，瓶罍枕藉，幣帛縱橫，餘無所見也。書以示共事者。本路經歷谷溫，濟源縣達魯花赤教化、縣尹劉弘敬，主簿徐柀，縣尉趙勝忽兒。越三日立石，府吏林貞、王信，縣典史于天民與焉。提點孫道遠、覃道應、吳道默、張道亨、王道深。

張天祐鐫。

大元濟瀆清源善濟王行宮遺廟碑

秘書郎轉承務郎前大名路白馬縣尹兼管本路諸軍與魯管內勸農事柳某額

嘉議大夫懷孟路總管兼本路諸軍與魯管內勸農事蕭珙撰並書

懷孟路某內縣石匠提控李慶祖

51. 大元濟瀆源善濟王行宮遺廟碑

立石年代：元延祐六年（1319 年）
原石尺寸：高 220 厘米，寬 90 厘米
石存地點：焦作市沁陽市柏香鎮肖寺村

大元濟瀆清源善濟王行宮遺廟碑

蓋聞寓天地之間、行變化之道者，鬼神也；用天之道、分地之利者，人民也；寵之以爵，分之以土，以德化理民者，侯牧也。若乃官失其守，民不興行，則饑饉荐臻，灾眚薦瘥，以□□□……無告之民以哀籲天，蒼蒼茫茫，莫知其嚮，山川鬼神，雨暘休徵，此祠廟之所以立也。□靈源之列瀆，肇禹貢之導流，伏具闕與珠宮，擬星垣於霧殿，雲木森以唐栱，石刻顯其漢撰，會東沁于順利，入南河而溢滎，東出陶丘北，又東至于菏，又東北會于汶，又北東入于海。澄其源而清其流，徑河而河不能濁也；伏其瀾而揚其湍，入地而地不能塞也。其通氣也，突兀潭雲；其徵祥也，浮沉靈眎。原其昭顯繼安，□敕載其盛事。四序惟春，海清則底現珍藏；鑒然淵醮，則烟生灰飛水面。父苦疾而獲愈，憫孝子之純誠；夫遠役而復歸，矜寡婦之至願。跣足拜伏，塵途多挽車戴親之人；虔心獻投，水殿皆他鄉异縣之客。闌烟散霧，壽燭如星。至若春風槁壤，三農憂其播種；伏暑秋旱，百姓望其雲霓。坎土置罍，蟻誠降聖。則頃畝之水，奮然興百里之震雷；膚寸之雲，沛然布四方之甘澍。返禍爲福，易凶作豐，此則神變化妙，萬物之大者也。是故隋人構始于開皇之間，唐世定封于天寶之際。黼黻袞冕，累代登崇；中護顯祐，歷年褒響。維大元肇造區夏，太祖開國，格天光表；世祖丕承，混一宇內。德配乾坤，咸秩群祀。至元十有八年，詔封濟瀆清源善濟王，褒崇有加。□邑置吏，歲時蒸嘗，侯伯致祭，懷郡統理。湯沐舊邑，大德乙己，潛邸寓焉。丙午出震，春閣旌斾，直抵淵宮，親臨軒陛，鱗介咸伏。皇慶先春，飛龍在天，皇帝御極，欽明安安。浚哲齋聖，望秩山川，遍于群神。近臣承旨，遣御鑒而頒香；中使乘傳，出閭閻而奠幣。冠蓋相望，祀享以時，此特舉朝廷敬禮之義也。至於遷盟津之北麓，遺河內之西郊；奧行祠之遺宇，比□刹之故墟；接泉源之阡陌，據崗巒之□隩；岳瀆之域挺秀惟明，沃土之民既富且庶；覃覃路寢，莫知締構之歲時；翼翼回廊，豈睹經營之姓字。后土馬鳴，副殿分列，府君太尉，庶司增崇，旋臺崢嶸，應門深邃，宮垣□畝，檜柏冬青，此則庶人瞻仰之地也。念昔人之竭蹷，懼古迹之湮没。民有歲時朔望樽酒炷香、十有四年恭勤匪懈者，王良里、姚山也。民有承皁隸之駁議、悟神祇之指揮，一言開誠，三年不怠，采石于山，卒成其志者，白馬里袁政也。是故鄉耆老四人姚山、范聚、趙德、趙得等始倡示信，厚幣鳩工，以勵其衆，以順其美。奉神報嗣之家前大都河道提舉司吏目趙璧，取友覃懷蕭璘，積有年矣，璧踵門導諸人踧踖而言曰："夫民勞事功，以答神祐，言時稱一代，奚可無文？"興情激切，誠由言宣，述古錄實，庶幾髮鬒重修。呂坦、楊滋茂、趙七施財集績者五百家，并列于樹石之陰。其辭曰：

皇元之有天下兮，混一車書。樂太平之無防兮，田野攸居。耕春雨兮舉末耜，餹南畝兮我婦子。倉庚鳴兮田載陽，女執筐兮求柔桑。我穀既播兮薰風將暑，荷鋤去稂莠兮汗滴禾下之土。繰車鳴兮麥已黃，雲無色兮風不塵揚。納禾稼兮秋氣已暮，采薪樗兮筑我場圃。歲將晏兮爲褐爲衣，食君之水土兮賦役何辭。惟神之福祚兮三時不害，蒸嘗有位兮民自無怠。有滂霎霎兮興雨祈祈，雨

我公田兮遂及我私。螟螣蟊賊弡兮無所繆螯，彼遺秉滯穗兮鰥寡之利。除疫癘兮免乂咎殃，祈禱無不顯報兮雜遝徵祥。鐘鼓鏗鏘兮雨暘之奠，悠悠旌斾兮遐邇之獻。朝焚祝兮幽獨惶惶，月朔望兮老幼蹌蹌。德施溥兮洽群有，騰芳馨兮傳不朽。

　　懷孟路河內縣石匠提控李慶祖……

　　秘書郎轉承務郎前大名路白馬縣尹兼管本縣諸軍□魯管內勸農事蕭璘撰并書。

　　嘉議大夫懷孟路總管兼本路諸軍奧魯總管管內勸農事柳□篆額。

　　延祐六年三月二十有一日丙子建。

　　石工喬順，男全并弟成，願言孝思，庸力以塞，十一效二。

大元濟瀆清源善濟王行宮遺廟碑

蓋聞寓天地之間行變化之道者鬼神也用反之
無告之民以哀籲籲天蒼蒼莫知其嚮山川鬼神雨賜休徵此祠廟之所以立
靈源之列瀆戴禹貢之藥泌伏貝關與森珠宮擬星坦於霧殿雲木森森以唐樣花刻其
海澄其源而清其流徑河而清河不能濁也伏其瀾而揚其湍入地而後地不能寒也徇其
底現珍藏鑑然淵醮則煙生灰飛水面父之苦疾而後愈憫孝子之純誠太逵役而徇
霧壽燭如星至若春風撟壞三農爰其暑種伏暑秋旻百姓望其雲霓坎土置覆墟
此則神變化妙為物之大者也是故隋人繡始于開望之間唐世定封于天寶之
大元肇造區夏

太祖開國格天光表
世祖玉承混一宇內
詔封濟瀆清源善濟王襄奮加章邑置吏藏時蒸甞侯伯致祭懷郡統理
親臨軒陛魷介成伏皇應先泰
御極欽明安安睿春齊聖望秩山川編于羣神近臣欽
旨達敬禮之義也至於遷盟漳之北螯遺河內之西郊奧行祠是遺宇山特舉
御鎧而頌香中使乘傳岳閶闠而莫暮冠覽相望記真以時
翰廷敬禮之歲也翼翼回廊宣覿經營之姓宇后上鳥鳴副殿分列府君太尉庶司柳
知絲幬之歲時朝望樽酒娃香十有四年恭勤匪解者王良里姚山也民存承皇隸
漳没民齊歲時朝望趙德趙�

皇帝

嘉議大夫懷孟路總管兼本路諸軍奧魯勸農事

祕書郎轉承務郎前大名路

老四人姚山范聚趙德趙僧等始倡示信厚覨鳩工以勵其衆以順其美舉

52-1. 重修真澤廟記（碑陽）

立石年代：元延祐七年（1320 年）初刻
原石尺寸：高 143 厘米，寬 70 厘米
石存地點：焦作市沁陽市博物館

重修真澤廟記

夫道之一氣，陽居尊而陰居卑。德化三才，天歸高而地歸下。蓋稟乎二儀相配，乃得萬物咸生。然則萬物之中最貴最靈者□□□……陰陽，肇立三才。三才者爲天地人也。三才既立，豈不同乎道德者也，《玄綱》云：道本無像，德貴有形。道包萬億之天而不爲大，德□□□……有契無。滋萬物之生者，乃太極之恢理；肅三光之明者，爲陰陽之景行。皆曰物自道生，道無弃物。是以鍊凡至於仙，至仙達於真□□□……於道。神與道合者，則仙凡异境、清濁殊流。得其至妙者所以游玉京，升金闕，洞達冥默，通悟深詞；入於仙道者，是爲乾坤永存，神□□□……真澤神者，自唐宋纍封，敕賜額曰"冲淑真人""冲惠真人"，亘古祖祠，處太山之北，爲河東之雄境也。其地多碧山，俱有奇名，古云壺□□□……百里之地有山名曰鳳凰山，櫻桃谷、紫團洞，乃二真人乘白鹿飛升之處，聖迹尚然存矣。紫團者，二真得道之師名也。《本草》云其地多出□□□……《仙傳》云出古韓晋之地，姓岳氏，誕于赤壤。天子之世，父曾仕於朝廷，故稱相公之名，今丞相是也。近繼聖代，潤國濟民，應風應雨，福禍□□□……據覃懷之西北，直三十五里有墅曰趙寨。按《圖經》云：自唐武德三年封太山之陽，孟津之北，置立忠義三縣，其有四寨，兹趙之一也。總屬河內□□□……東南，東隣帝堯捺掌五指之泉，南觀黃、沁异流二河之水；西連沐澗，南嶽魏夫人劍破飛石之處；北靠雲陽，紫金壇世代栖仙之地；中視乎形勢險阻，川□□□……水秀，巔峰峻嶺，若劍戟之排空，類蓬瀛之勝景，真可爲洞天福地之要也。其寨之兑方古有真澤廟一所。自皇朝開基以來，居民繁盛，農桑務本，風俗清朴，咸有孝悌忠信，勵事淳古。自中統壬戌間有本村耆老人等議立社首請會，管下十有三村，赴祖廟拜祈聖□□□……辭山路之遙，約有四百餘里，衆志□亹亹相傳，代代不闕。若遇旱乾水溢，禱之無不應驗，屢沾甘澤，比之佗方，澍雨濡盛。歲無蟲蝗之傷，季有西成之喜□□□……也。至改元大德，歲次癸卯秋八月，值大地震，其殿宇廊廡俱爲摧壞竭矣。有玉泉觀道人趙道遵□里人十餘輩劉潤等至真澤祠下□□□……間。蓋出入相友，灾眚相扶，禮往相助，吉慶相會，尚飲宴庭堂之間，何況神明無以瞻仰之所，人而不知事神致福者歟？理實悖矣。議曰："天地大焉，神聖□□□……不見，聽之不聞，欲興敬懇之心，必稱□□之意。人能嚴竦，神能祚矣。"於是衆允其言，乃構大殿之□。由是衆等不募而來，役不鳩而財生，以□□爲功□□謹勉力者有之，隨得洪材大木運集來斯，謁以斧斤者、埏埴者、版築者經之營之，迄旬月工以完矣。厥成之日，故有繪塑聖像，彩飾金碧，猶然光鮮，觀□□□……生憬恪之心，設祭嚴裀之禮。擇日仕庶繪祀即畢。衆僉曰："誼乎暢也。"其言云：享之不沉滯于酋酒；祭之不宰割于犧牲。賴以香筵茗菓，釋奠之儀正也。今則□□□軒既成，自時厥後，施功大者、功小者暗邇吉慶，皆得如意。感託神明大祜者也，豈不偉哉。念維那趙道遵同劉潤等，今以彼名皤然歲云耋矣，其劉潤囑長男劉通諺曰："我輩將之耄矣，未曾誌我等之名，尔可立石云耳。"劉通親其言，允父之教，隨續前由，得中統間相繼及今延祐庚申儉一甲子矣。劉通謹捨□□，創担湯山之

石，敬先經始之心，命匠鐫其實。因衆有贊成之力，謂通曰："尔興善事，天必祐之，神必助之，使子孫後必有昌盛矣。"通曰："儂未訪此事，恐百世之後□□隳廢，□□□家所堵，特礱石而銘之，敢望後有高明再起復修之意耳。"予祖之上黨居闤闠間，述於繪事者三代之響也。特游貴郡，詣本里玉清觀，僑居暫鼻。或聞道遵先生同賈志真携茗來□其事，謁以爲文。予再三不免誠厚之情，不敢以不才爲辭，故詳采實而書于石上，其後訟曰：

道之一氣，天地之先。三才继立，萬物咸然。冲淑冲惠，唐宋纍宣。紫團之迹，飛升上天。覃懷之境，河內郡焉。墅曰趙寨，神曰二仙。太行之面，雲陽之前。西連沐澗，東近玉泉。構之大殿，福祐永綿。金石銘後，享□萬年。

敕授敦武校尉管蒙古軍人關住，河內縣典史王庭夆。

本寨常思明篆額。

天黨郡鄉貢進士陳賓首撰文并書丹。

石匠李榮、李德鐫。

維大元國懷慶路延祐七年歲次庚申三月建庚辰上石□癸未日銘。

立石人：……

〔注〕：據本碑碑陰題名等信息，此碑陽當係利用元碑于明弘治五年（1492 年）重刻。

天崿高而地歸下蓋景于二儀相配乃得萬物咸生然則

《重修真澤廟記（碑陽）》拓片局部

黄河流域水利碑刻集成·河南卷 一

52-2. 重修真澤廟記（碑陰）

立石年代：元延祐七年（1320 年）初刻
原石尺寸：高 143 厘米，寬 70 厘米
石存地點：焦作市沁陽市博物館

〔碑額〕：奉神□村管下

□甫：大社頭閆住官……

于臺：大社頭陳興，大社頭趙通甫、李社長、王社長、王福、常卿録□□□王□張……

張□星耀鎮：張□□、王社頭、劉□、郭振山。

窯□□頭：王大、王……

□□作：魏信、張温、張義、□德□、張□□□、□興、王興。

石河：大社頭李百、高福、任福、□□、高德、李順、刘聚。

……王成，王德、牛立、牛□、郭成、王立、顔九、皇甫、大社頭□世□、大社頭宋信甫、大社頭馮用、李順德、大社頭馮義、姚唐、大社頭王文秀、大社頭寧信、喬仲良、武師。

東向：□□□、大社頭……劉潤之、楊社長。

西向：……

義莊：大社頭王用、向□、牛榮、大社頭王成、楊榮、……寇義、馬□。

捏掌：大社頭張順、王成、任大……王宜、張德、閆義、高良、司成、朱興、馬社長、姚清、董興、李□、李全。

東紫陵：焦亮、李道元、王義、韓温、劉恩、王清、耿德、□□太尉社一直刘宣□、牛鄉録、邢□□、李和甫、蘇君瑞、任立、王福、王德、韓伯堙、邢子忠、崔文聚、弋長官、王提領、牛彥通、王□、張清、黄通、牛昌祖。

西紫陵：高威儀、宋信甫、大社頭刘□□、苗子實、苗子榮、韓良佐、刘潤之、苗仲禄。

宋寨：于社長、李讌甫、李伯恭、楊士卿、李仲和、于潤東、符立、重陽觀……

東塢頭：王□、李奧、司林、□提控、音婆、李金、趙君祥、汪德、程明。

澤州高平：元和、張海。

范村：王澤、李敬肅、李忠肅、侯成、鄧聚、王福、□□、王聚、陳善、王思勝、張□、王□、□義、馬□□、王□。

長溝：趙興、張□、馮良、□□、郜德、吳□、後李知觀、□□、東李知觀、□全、張德、馬伯□……

西塢頭：長……觀……提點……陳……陳瑞、陳□秀、□知觀朱□□、李……

王村：……副……王天澤、宋朝用、田……

趙寨：……曹……用……王

……信人士……村西白地壹……至成大，南至……至道，至西至社長李義……今立施狀，施與本村□□□社長水官□□□瞻廟地，永遠□主，衆耆老人等，天曆元年正月初三日立施狀，□志院主。

今開本村洞真觀女冠張守志，今施□□□地壹拾畝，東至常政卿，南至常政，西至常政□，

北至成大儘，係數今立施狀施與本村，保見人社長水官、眾耆老人等，顏九二仙廟內竞瞻廟地，永遠爲主。天曆二年三月十二日立，施狀人張守忠。

今開本村淨安院住持僧人王院主、志院主等，今□本村□□水官眾耆老人等將村西北任家□白地貳□，東西畛，計陸拾畝有余，其地東至道，南……東北貳至□□□□□，儘係施數余……恐□內□□□永遠爲主。至□三年五月十五日立，施狀人王院主，志……保見人□□□王敬、馬伯丕。

本村助緣人名品列于後：

社長李義□、馬提控、楊彦正、成大□、刘三、郭通副、刘四、小李四、王二、常四、張大、都大、張三、……牛老人、刘四、刘□、刘大、□□、李□、李□、……静安院主李成，武帝廟維那本村胡□，楊興，靈顯廟維那□周伯雨，師廟大……

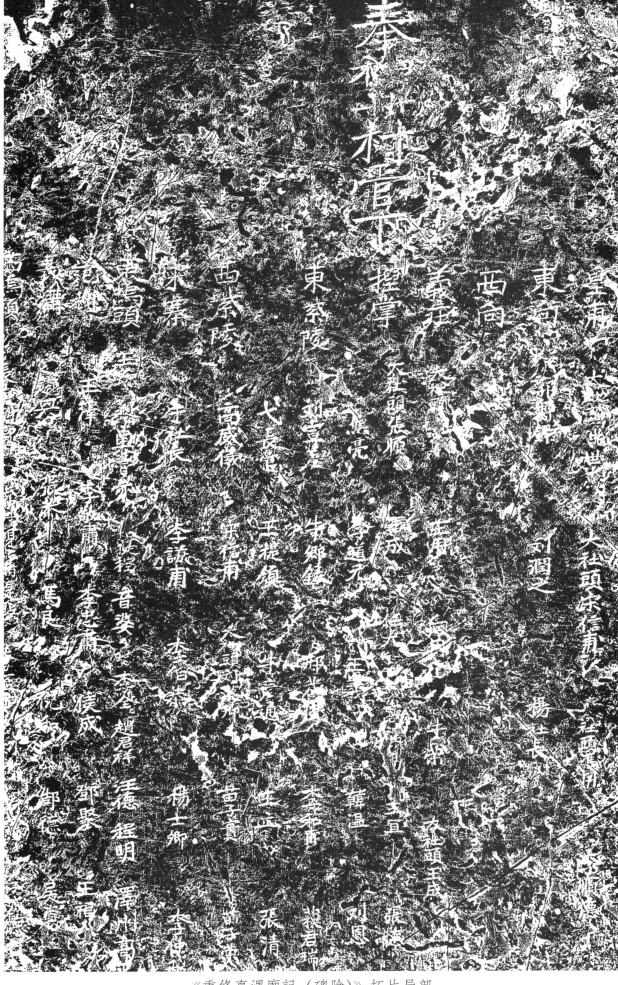

《重修真澤廟記（碑陰）》拓片局部

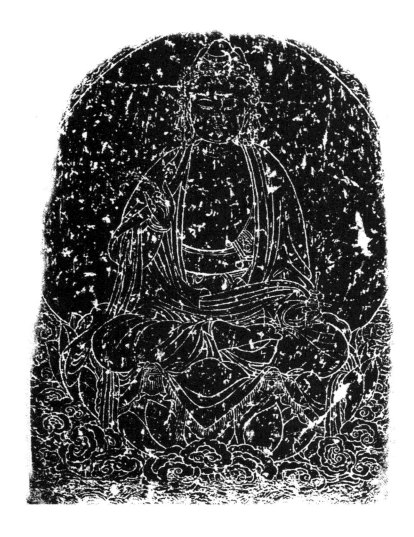

53. 大伾新造石觀音像頌并序

立石年代：元至治三年（1323年）
原石尺寸：高110厘米，寬80厘米
石存地點：鶴壁市浚縣大伾山觀音寺

大伾新造石觀音像頌并序

至治二載夏四月不雨，彌士□□□□□□百姓詢詢，以答以訛，知州事劉友諒□□□率僚屬走謁群廟，七日而猶不雨，乃求禱於大伾之石像，稽顙盡恭，已事而遂降北岩隈，顧石壁峭絕。夷可爲觀音像，乃默祝允，神孚以應，則如所願以報。既而天果雨，歲熟。越明年，夏復旱，友諒曰："往年旱有請於佛而獲應，曷再禮焉，將畢吾願。念興而誠格，途歸而風轉。"是夕油雲四合，甘雨大澍三日而后已。邑歌于市，農抃于野，人皆以爲靈應之致也。乃召匠龕石於東北作補陀相大若干許，凡役傭宜悉資己祿。作十日而功克就。於是命判官李好文叙其實，且爲之頌曰：

岌乎大伾，日維朝陽。巋然金相超無量，下度群有亘十方。伾之嶸，□以北。法具端相龕翠壁，白衣冰襦儼莊栗。趺青□，□手楊枝。凡民有災旱即祈，維靈之□普厥施。月之陽，日在巳，作之者劉□氏，遠俾浚民萬世祀。

至治三年十月十日刊石，浚州判官佟元復撰文，同知浚州事王霖書丹，大名路浚州知州劉友諒，吏目蔡惠，石匠薛題刊。

〔注〕：此方摩崖位于大伾山觀音寺觀音洞上方崖壁。左爲像，右爲記。題記高90厘米，寬115厘米。

周天大醮投龍簡記

周天大醮投龍簡記

泰定改元甲子之春正月、

詔玄教大宗師玄德真人吳全節太一崇玄體素寅道真人

嗣教七祖蔡天佑五福太一真人呂志□正一大道真人

人劉尚平玄教嗣師真人更文永率諸師道士幾千人

修建周天大醮于大都崇真萬壽宮爲位二千四百

金籙周天

夜凡七受

天顏甚愉重封香幣遣太一七祖真人蔡天祐承德郎祭祀

署令馬嚴吉捧

剗玉寶徹玄壁龍細馳詣

齋壹清原投真五月初三日至福下醮祭如礼貿明兄

龍簡于水府禮成而退郡守臣嘉議大夫懷慶路總管

李德貞奉議大夫孟州知州劉士冕懷慶路知事蘇遷

等咸與焉謹記

泰定元年五月日立 權縣事禹邦獻

54. 周天大醮投龍簡記

立石年代：元泰定元年（1324 年）
原石尺寸：高 100 厘米，寬 61 厘米
石存地點：濟源市濟瀆廟

〔碑額〕：周天大醮投龍簡記

周天大醮投龍簡記

泰定改元甲子之春正月，詔玄教大宗師玄德真人吳全節、太一崇玄體素演道真人嗣教七祖蔡天祐、五福太一真人呂志彝、正一大道真人劉尚平、玄教嗣師真人夏文泳，率法師道士幾千人，修建金籙周天大醮于大都崇真萬壽宮，爲位二千四百，晝夜凡七。受釐之日天顏甚愉，重封香幣，遣太一七祖真人蔡天祐、承德郎郊祀署令馬懷吉，捧刻玉寶符玄璧龍紐，馳詣濟瀆清源投奠。五月初三日至祠下，醮祭如禮，質明沉龍簡于水府，禮成而退。郡守臣嘉議大夫、懷慶路總管李德貞，奉議大夫、孟州知州劉士冕，懷慶路知事蘇讓等咸與焉。謹記。

濟源縣尉權縣事禹邦獻，泰定元年五月□日立。

55. 淇州靈山龍祠祈禱感應之記

立石年代：元泰定二年（1325年）
原石尺寸：高150厘米，寬62厘米
石存地點：鶴壁市淇县靈山龍祠

〔碑額〕：淇州靈山龍祠祈禱感應之記

淇州靈山龍祠祈禱感應之記

泰定乙丑維暮之春，旱既太甚，監郡承務公薛徹突、知州奉議公馬世温，倬彼雲漢，憂心形色，詢□□曰：於……農失播□百穀，適饑饉薦臻，民卒流亡，盍圖拯旱之方，弭裁之術？州屬僉曰：淇西太行鎮曰靈山，□曲壑谷……汹涌滂湃，抵崖迸珠，砅石盪雪，顛委勢峻，百折東流。上有龍祠，凡郡有旱暵，祈無不應，公曰：俞。肆與同知承務崔珍、通判忠翊謝從善、將仕郎要解、吏目陳□，具□被牲□，策卜……日丁卯，質明行禱祠下，祝曰：嘉穀未樹，犁麥槁矣。東作被虐，西成罔效，使國無以供賦，民無以爲食。若守土有罪，疚咎厥躬，百姓可矜，□□錫雨。車旋之夕，載暘載陰，將事□夜，□雨沾。越四□□□，郡奉議公協佐倅，庸蔵報誓之禮，盛服即事，賓屬俯首，各執□用，柔毛剛鬣，罇爵清潔，降登有數，□具□飽，□迓百靈……蜒來享，穿龜長魚，乾端坤倪，軒豁呈露，蕭風悽愴，肸蠁歆格，歲仍大穌。祀歸靈威之應，脈宴之樂。□瞰□溪，仰□岩峭……與天際。欻然知山特峙，不與培塿爲勢。晻靄灝氣，莫度其垠，蒼茫造物，不知其窮。引觴醉抱，心豁□暢，□然自□。既而……精舍。曰祈禱不應，宴游佳奧，宜紀文鑱石，以詔來世。余固讓弗獲，竊觀堪輿，覆載太極，生成鬼神，□任之迹，二□良能……而遂通。雖無形聲，所謂洋洋如在其上，如在其左右。體物不可遺，昭昭不可欺。故有感必應，惟誠□已。夫微之□，斯……之理，或以□哉！不啻抱鼓影響，相隨在人心。一念之微善之幾，動感之神，發而爲時雨甘露之祥，□□□□龍□瑞……一念之微惡之幾，動感之神，散而爲旱暵劇雨之霜雹，爲癘毒蟊賊之螣螣，物罹□，人□□。原自三□□王，□□□宗……則天神格，廟則人鬼享。求諸陰陽，達之臭聞，精意輻湊，天人吻合，皆由一念之誠，感召之機。若名山□□之神，能□致……歲時望祀，設雩禜之禮，以爲水旱之方，其神之格思，敬奉之誠致也。惟公等□國愛民之誠，感于神，□□雲□雨……爲和，移歉歲作豐。可見天人無二致，幽明無二理。善惡之徵，以□相從，實理之誠不□□者。莫然黷□□巫，媚……當爲。噫山水之盛，脈宴之娛，雖追配古人，興其感嘆，庶幾靈應□化永記之，仍賦歌章……

靈山蒼蒼兮龍泉泱泱，穌風甘霖兮國之禎祥。雲行雨施□天道之常，旱溢……□□祈禱兮……虔兮大賚厥臧。神之賚之兮以凶渝穰，降福孔夷兮昭假彌彰。祀事蔑□兮世享年昌。

承直郎衛輝洛總管府推官孫好義篆額，東平處士張鼎撰。

淇□吏目□祐，□□張士□、□公輔……忠翊校尉衛軍路淇州判官謝俊善，承務郎衛輝路同知淇州事崔瑶，中奉大夫衛輝路淇州知州……

泰定二□歲在乙丑夏陽月吉日立石。

56. 濟瀆靈池之記

立石年代：元天曆三年（1330年）
原石尺寸：高77厘米，寬48厘米
石存地點：焦作市修武縣濟瀆廟

〔碑額〕：濟瀆靈池之記

濟瀆靈池之記

修武縣乃春秋寧武子采邑也，地秀民淳，有仁義之風焉。坊曰清源，舊建濟瀆行宮，歲時致祭，禮無廢焉，瞻者畏敬之。逮大元天曆己巳，自春迄秋大旱，百穀盡爲枯槁，饑饉荐臻。縣尹謝公率諸僚屬禱雨於斯，隸長常玉至於池，顧其水已枯涸，泥潦穢積，有褻神明，遂感於心，同耆老連義副之。於是丐金鳩工，淘洗至泉，既清且潔，以塼甃周圍，歲寒之□，以爲欄杆。□□無□堂之患，臨者無戰兢之懼。基址損壞，補之一新，不日成功，能继前人之績。友人正臣許□來謁曰：池已完矣，潔矣！若不刻諸□琰，以紀其芳，何以示于後？辭不獲已，齋沐爲之荒菲以記云。

濟源縣醫學教諭李思誠撰，後進董從吉書丹，李天章題額。

田潤澤刊。

大元天曆三年五月□日，常玉、胡興等立。

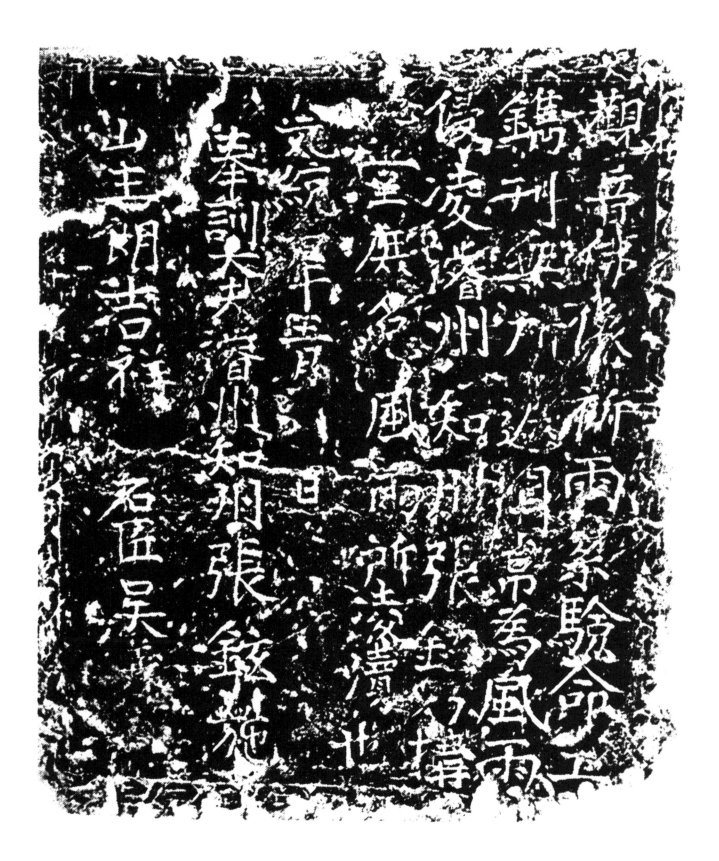

57. 張鉉題記

立石年代：元元統元年（1333 年）
原石尺寸：高 50 厘米，寬 45 厘米
石存地點：鶴壁市浚縣大伾山觀音寺

觀音佛像祈雨，系驗命工鐫刊。無所遮□，常爲風雨侵凌。浚州知州張鉉乃構□堂，庶免風雨所凌瀆也。

奉訓大夫浚州知州張鉉、施山主朗吉祥。

石匠吳義。

元統一年三月□日。

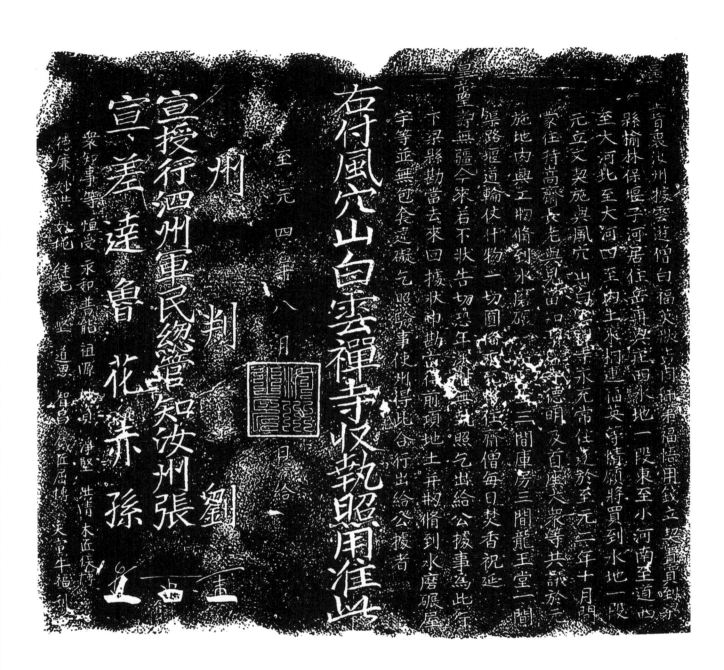

右付風穴山白雲禪寺收執照用准此

宣授行泗州軍民總管知汝州張
宣差達魯花赤孫
判 劉
州
至元四年八月 日給

58. 修水磨屋宇執照

立石年代：元至元四年（1338 年）
原石尺寸：高 58 厘米，寬 60 厘米
石存地點：平頂山市汝州市風穴寺

皇帝聖旨裏，汝州據雲游僧白福英狀告同師弟福悟，用錢立契，置買到梁縣榆林保堰子河居住岳再興莊西水地一段，東至小河，南至道，西至大河，北至大河。四至內土水相連，福英等情願將買到水地一段元立文契施與風穴山白雲禪寺永充常住。遂於至元二年十月間，蒙住持嵩齋長老與見當知口口寺德明及首座大眾等共議，於元施地內興工，創修到水磨碾口口口屋三間，庫房三間，龍王堂一間。渠路堰道、輪仗什物一切圓備，永充常住。齋僧每日焚香，祝延皇帝聖壽無疆。今來若不狀告，切恐年深口無執照，乞出給公據事。為此行下梁縣勘當，去來回據狀申勘，當得前項地土，并創修到水磨碾屋宇等，并無包套違礙。乞照驗事，使州得此合行，出給公據者。右付風穴山白雲禪寺收執照用，准此。

至元四年八月（汝州之印）日給。州判劉（花押），宣授行泗州軍民總管知汝州張（花押），宣差達魯花赤孫（花押），眾知事等，恒受、永和、普能、祖源、妙資、净堅、洪清。木匠侯博、德廉、妙洪、妙挹、繼光、堅、道恩、智昌。鐵匠屈博。天黨牛福刊。

59. 太一元君紫虚元君廣惠之碑

立石年代：元至元五年（1339年）
原石尺寸：高177厘米，寬76厘米
石存地點：焦作市沁陽市沐澗山魏夫人祠

〔碑額〕：太一元君廣惠之碑
太一元君紫虚元君廣惠之碑

伏聞天開於子，地闢於丑，人生於寅，遂有萬物焉。其并生於天地之中，最靈最貴者，惟人耳。人之所以爲靈貴者，得天地之正理爲性，禀天地之正氣爲形，豈物得而全之也哉！不有聖人，孰能繼承天地、統理人物？不有仙神，孰悟大帝佐運玄機，洪揚大化，四時順□，萬象安常？真所謂宇宙在乎手，萬化生乎身，出没空明，蕩摇世典。名山司靈嶽，致雨興雲，驅雷掣電，肅净妖氛。闡幽微，顯福善，澡燭人心，萌惡之幾，難欺難罔。窺衆念，肆情之慾，必戒必懲。使天下之人，齊明盛服，以承祭祀，洋洋乎如在其上，如在其左右，不敢有一毫不敬之心，不敢有一毫厭射之意。其正二聖元君威靈，使民畏服之謂也。本郡屬邑河内縣利仁下鄉曰紫陵後沐澗鑿立祠焉，四面山圍，宛若幨列，最明秀絕勝麗之仙境也。按大唐先儒弘文館學士路敬淳述神本傳，晋劇陽侯任城魏陽之女也，生而有仙風道骨，自幼有特立之操、堅白之行，厭浮華而喜純素。在父母家惟誠惟敬，修鍊日篤，玄德升聞。於當年季冬之月夜半，有四真人降於神之前曰：大帝敕我來注子於玉禮，應上真司命名山之號，阿夫神原。迨及前宋崇寧初，旱既大甚，宰河内陳公崇禱于祠下，虔求再拜曰：崇忝牧民官也，遇此大旱，不職之罪，當及崇躬。懇禮既畢，天油然作雲，沛然下雨，霧霈告足，歲乃大豐。州牧具聞於朝廷，敕賜静息廟爲額。厥後政和元年夏大雩，邦守李公徵猷罕，憂不暇食，思不遑寐，率僚屬禱于祠下曰：苗盡槁矣，神將無以爲依，人將無以爲食，不敢不告，守土有罪，殃及□躬。朝禱暮應，是歲又豐。即此而推，灼見宋多得人知，仰之廣惠，代代不乏焉。皇元受命，不嗜殺人，壹戎衣而有天下。甫定之日，每敕詔天下聖帝明王、忠臣烈士、五嶽四瀆、名山大川，柴望致祭，崇禮尚祀，無地不然。雖列聖相承，神武聖文，積德累仁之所致，多賴上界冥府，衆神百靈，咸助保護之力也大哉！二聖元君仁閔覆下也，至矣盡矣！歷唐越宋，迨及我朝，淵德豚仁，救災恤患，不可勝紀。以大言之近可見者，戊寅之歲五六月之間，旱□殆甚，樹將飛火，井已竭泉。老隆懷轉死溝壑之憂，壯健有離散四方之慮。父老注香于手，請二神聖遍鄉館游豫焉。七月初四降甘霖三日，歲又大豐。嗚呼！過化存神，不測之妙，立變時雍。以細事言之，雖乃男乃女，□有妖孽，身有疾病，敬而禱之，無不消弭。於是鄉録水官社頭館下，父老僉曰：神之廣惠，昊天罔極，無片言隻字垂示後人，殆不可也。遂命工發蒼山具瑩玉一方，徵文於予，峻辭不獲，惟曰：堯舜愛民也深，稷利民也大，予於二聖元君亦然。誠恐誠懼，仍亂之以詩，庶示無窮焉。

銘曰：

人能盡性，乃聖乃神。大中至正，惟厥心身。不思不勉，天理循循。恭惟仙哲，塵視珠珍。克心以敬，克性以仁。乾乾不息，玄德升聞。大帝敕詔，乃命四真。羽旂興輦，降自金宸。玉牒手捧，著以符文。列於上仙，紫府長春。發育萬物，天地同倫。凡有血氣，莫不尊親。

約齋石瑄撰，葆真觀安静達妙大師李德存書丹并篆額。

大元國至元五年歲次己卯仲春上旬有十日修建，紫陵立石，鄉録宋福，水官靳榮、李忠。石匠作頭北尋李敬刊。

黑麓山
孚祐公感
應梳雨
之碑

60. 黑麓山孚祐公祈雨感應之碑

立石年代：元至正六年（1346 年）
原石尺寸：高 122 厘米，寬 61 厘米
石存地點：新鄉市衛輝市

〔碑額〕：黑麓山孚祐公祈雨感應之碑

黑麓山孚祐公祈雨感應之碑

　　輝州古共鄉常村舊迹，已有黑麓山孚祐公行宮之祠，時遇亢陽不雨，苗稼枯槁，衆耆老人於行宮之祠下共議曰：先人但遇旱，田苗枯槁，齋戒沐浴净潔，各賚香紙，前去北有黑麓山孚祐公靈祠約五十余里，名山曰黑麓，居太行山之東，巔峰峻嶺，重重幽寂，靈神隱迹之處，林木森聳，廟宇高卓。山勢四面爲屏，前有大簸箕、沱羅二潭，龍神所居之鄉，設立致祭，禱祝聖水，香信纔絶，潭中如影嚮之聲，雲生四野，霧長八方，甘澤速降者有之，邀請聖水，半途雨降者有之。接聖水於行宮，寅夜净潔致祭，其神祀享□沾足潤，田穌復穌，人民加額，黎庶歡欣。皆孚祐公神明感應之理然也。每歲於四月八日輪流致人之心，神之心，神之意，人之意。於至正元年間，補差孫成依時虔心致祭，其年善應，有蜂飛騰□，□養二麥收成，所事隨心，皆賴孚祐公善應護助也。孫成恒常思念，黑麓山孚祐公自漢唐以來雨無不應者，立感應碑數座。本村黑麓行宮之祠，廟宇崩摧，有看廟人孫成措借人工衆力，再行理□新。工成，置立碑額，孫成同男長曰孫德讓、次曰孫德溫共議：有本村黑麓行宮廟前，願立祈感應石碑壹座。次男德溫曰：自頗學刻石鎸造，願心費用己貲置立。父子三人共議曰：□篋空乏，敢求近明賢爲文，本村有親友牛思道，所求直書數字，酬還口願。思道曰：西近輝州無二舍之地，登仕郎通達賢儒。孫成往復數次，思道俾陋寡文，賢儒君子勿得哂乎。勉强直書一二。至正六年歲次丙戌春孟月庚辰朔中旬戊戌日立。銘曰：

　　巍巍山勢，巔峻岩峰。重重幽寂，廟宇如宮。漢唐謚封，感應祐公。常村行祠，黎庶必恭。亢陽不雨，禱於神功。霧沱速降，普濟群工。孫成立銘，刻石於共。

　　共山本處石匠孫德讓同弟孫德溫刊。

　　大元至正六年歲次丙戌春孟月庚辰朔中旬戊戌日立石。

61. 濟瀆潮賜之記

立石年代：元至正九年（1349 年）
原石尺寸：高 60 厘米，寬 130 厘米
石存地點：濟源市濟瀆廟

濟瀆潮賜之記

至正九年季春二十一日，河內縣中道村稻田提領系衆信士等，來詣濟瀆天慶宮。越明日，咸壹乃心，炷香設拜于清源王殿下，享獻禮物，用投池中，而望幸聖既焉。於二十三日辰時，得蒙潮賜，出绣鞋兩對。至巳時，復出香囊一對，通草花一朵，大棗二枚。未時又現白絹一尺，□□□禮□畢，謹收潮物。而始還家，約抵柏鄉，復潮出，元獻桃肉一□，而廟主提點魏公取而捧之，以示近人，咸曰异哉。入於水而不濡，出於水而不濕，非有神而何哉？嗟乎！昔賢云：有其誠則有其神。人之所以能感格于神明者，亦曰誠而已矣。而神之所以示惠既於人者，亦因人之誠而應之耳。凡禮拜潮賜累年，而未若今此之靈應爲最，故將勒石以彰神聖之惠焉。

時至正九年四月望日，天壇絕頂總仙宮三洞講經師陶黃庭撰記。濟瀆廟提點所知書馬道□書。

開具信士衆等芳名于後：稻田提領郭榮，社長李順、李成。淮德司仲實李成、李林、馬仁忠、申謙、牛從。王提舉郭光祖、郭文質、王世英、王榮、徐德仁、張義、梁聚、吳德、郭顯祖、劉義、劉順、魏信、馬思、郭成、段世詳、郭聚、司德、馬成、耿謙、郭澤善、張義、于寧、牛玉、蔡福初、蔡榮。淮阿賀、淮信、淮成、張贇、芦成、程義、侯順舉、劉德、張亨、朱成信、劉成、牛成、劉仲德、元崇德、徐仲仁、張宣。提領通玄觀妙大師郭德堅，天黨郡石匠孫成刊。

知廟明義玄妙保光大師韓德信，知廟守真養素大師曹玄定，濟瀆廟提點清安保和達妙大師楊德禧，濟瀆廟天慶宮提點希真純德明玄大師李德柔，濟瀆廟天慶宮住持提點崇真閑樂保安大師賜紫金襴魏道綱立石。

唐宋金元

滑州重建龍祠之記

滑州重建龍祠記

豫章羅從政授閑建
章羅侯迺月郡官偹詢率
楊明洞康顧侯祠而禱之祝曰惟其重楷李德淇奉山之西
柄淇民有功先世褒祀令民事方殿我後異瞑為集嘉雨之
稽緩之所致與昹天歔點滴之潤雨我後異瞑公私之靈禾
顧捕己俸市木石撤舊守而新之以答余雨之靈蒙長民庶
所惠豊矣是夕太兩越宿又兩次自郡長貳則神祠書
監郡下車載美其事而落成之徳淳欣喜之豊
賫土運石樹以棟梁不數日間祠頍完合又
祠成謹記於石後見龍君威應之妙五以見郡
象柅其上于石後見龍君威應之妙月望日
鼎埸二社農麗徳淳田世榮等記
父敦武敢尉大名路滑州同知
林郎大名路滑州
司吏水洧教慂明田榮祖
奉訓大夫大名路滑州建官花赤源滑本州奉

62. 浚州重建龍祠記

立石年代：元至正十年（1350 年）

原石尺寸：高 110 厘米，寬 69 厘米

石存地點：鶴壁市浚縣大伾山龍洞

〔碑額〕：浚州重建龍祠之記

浚州重建龍祠記

　　至正庚寅夏，麥未實，穀未苗，缺雨者逾月。郡官遍謁群祠亦未應。四月十五日，判州晁侯具熏楮，率德淳等走伾山之西陽明洞康顯侯祠而禱之，祝曰："惟侯稟山淵之靈，握雷雨之柄，澤民有功，先世襃祀。今民事方殷，而旱暵爲祟，豈祠祀者稽緩之所致與？盻天瓢點滴之潤，雨我浚公私之田，則神之所惠豐矣。"是夕大雨，越宿又雨。次日，郡長貳民庶再詣祠下，願捐己俸市木石，撤舊宇而新之，以答今雨之靈貺。時適爲監郡下車，載美其事而落成之。德淳等欣喜竟日，誠悅趨事，負土運石，樹以棟梁，不數日間，祠貌完合。又刻口見飛躍之象於其上，于以見龍君感應之妙，于以見郡侯祈祀之誠也。祠成，謹紀於石，後有作者，尚監于茲。至正十年十一月望日，角場社農龐德淳、田世榮等記。

　　豫章羅從政撰并書。

　　貼書畢彥中、張思顏、尚思彬、胡士口，黎陽趙信、任誠刊。

　　司吏水澤裴思明、田榮祖，吏目郭禮彥文。

　　敦武校尉、大名路浚州判官晁鐸景宣。

　　文林郎、大名路同知浚州事阿里謙夫。

　　奉訓大夫、大名路浚州達魯花赤兼管本州諸軍奧魯勸農事晋剌允中。

63. 金堤西創建靈濟昭祐顯聖王廟記

立石年代：元至正十年（1350年）
原石尺寸：高166厘米，寬74厘米
石存地點：焦作市孟州市

〔碑額〕：靈濟昭祐顯聖王碑

金堤西創建靈濟昭祐顯聖王廟記

天地之間，苟能與民禦灾捍患，伸屈直枉，靈顯於冥冥之中，使人畏懼震慴，傴僂俯伏，奔走而事之者，以其取精多而及物廣也，靈濟昭祐顯聖王其謂之矣。唯王聰明而正直者也，膺累朝之封贈，察萬民之冤抑，赫赫厥靈，禍福之報，捷於影響，故崇奉者遍於寰宇。如水之在地中，無所往而莫不皆然。自世降事殊，民不興行，陽奇陰耦，點繁誠約，至使彊凌弱，衆暴寡，騁凶惡以摧良善，恣姦詐以誣忠直，昧方寸而較錙銖之利，縱辯給以陷無辜之人。一地皆然，壹壹若是。脫有一二以其情直欲詣陳論者，則同惡相濟，返與之委曲彌縫，維持囑託。其秉心端正者，猶有可冀，若懷私貪賄者，則不然矣，暗受苞苴，公肆巧辯，臨人以威，折人以勢，困以難對之狀，詰以必窮之辭，以直爲曲，變是爲非，縱情織羅，而欲返加之罪，使良善之人無階應對，望其察冤辯曲，不亦難乎，又安肯聽民之訟哉！是以暗氣吞聲，怨天頓地，懷冤抱恨，有終身而不得伸雪者，冤號之聲，感傷和氣。水旱相仍，蝗蝻大作，良有以也。諺曰：直士抱冤，六月降霜；匹婦含恨，三年不雨。豈欺我哉！天道福善□淫，否極終泰，潤生人之顛覆，乃命取精□而及物廣者，主民間之善惡，享民間之祭祀，理之然也。鄉人裴成，誠直人也，勤以律身，儉以訓家，非善不交，非義不取。病夫天理汨没，人欲放肆，奸巧縱橫，良善滅息。欺誣誕妄之徒，靦然無愧，洋洋□以爲得志。世之被□結而不伸者，彷徨無所，控訴慨然，奮激欲直而無由，乃裹糇糧，躬詣河南府路永寧縣西王范鎮劉琰所建廟內拜謁元取鞏昌路寧州真寧縣要典鎮祖廟靈濟昭祐顯聖王，迎其封號而歸，建祠而祀之。曾不數月，懇禱者雲集，無不感格者，以人能盡其誠，而王亦感其誠也。裴成欲大其廟宇，復得同村李成施地七畝，永充廟基，乃備己資而爲之，儌工市材，不期年而廟成，宏高壯麗，以安神栖。往來瞻仰者，悚然起敬。及有昧理而强顏者，一矚於目，則心悸神散，魂離魄□，顫掉而不寧。凶頑惡積者，自知革心易慮，乃善改過矣。裴成欲傳不朽，請予爲之記，予嘉裴成用意之篤，化强暴而爲良善，變欺詐而爲忠直，風移俗易，民德歸厚。雖曰神之威力，亦由裴成之所致。可謂懲惡勸善之實，故爲之歌，令歌以祀王。歌曰：

雄姿魁偉靈濟王，身着五色雲錦裳。手執玉圭侍帝傍，帝令金仙授符章。翩然騎龍來下方，恍惚隱顯不可量。受命與世除不祥，時無苦雨與愆陽。八蜡□布無虫蝗，禾黍離離足豐穰。坐令斯民富且康，凶頑革面爲善良，風俗淳古如陶唐。地卜爽塏宅雄圖，建廟設祭理之常。牲牢肥脂酒味香，春秋祈報民不忘。太行之山鬱蒼蒼，天塹之水渺茫茫。嗚呼！神之英靈兮，山高之與水長。

富平處士李源溥撰，敦武校尉懷慶路河陽縣達魯花赤兼管本縣諸軍奧魯勸農事知河防事憫安答兒譯額，登仕佐郎懷慶路河陽縣主簿哈刺八都書丹。

大元至正十年歲次庚寅八月既望，主盟建緣修造都功德主裴成，同男裴郎、孫裴居敬立石。勸緣杜忠，助緣請文王好吉。捨牌功德主忠翊校尉隆興路奉新縣達魯花赤兼勸農事虎都都魯□□。廟基施主李成。助緣載碑李敬，男李□；助緣進義副尉管軍百戶□□佐。天黨石匠孫和□、男孫成刊。

64. 胙城縣創建宣聖廟碑銘

立石年代：元至正十三年（1353 年）
原石尺寸：高 201 厘米，寬 67 厘米
石存地點：新鄉市延津縣

胙城縣創建宣聖廟碑銘

胙城縣儒士耆宿來云：縣自春秋時隸屬於衛，昔被渾流河沙所害，屢嘗遷徙，近於華里之古城爲縣理所，是以宣聖廟宇未及營造。至正辛卯，令尹姜承事字夢臣下車日，即興學校，乃風化之源，官政之急務，敢不重歟？將謀度之，適運河南軍儲事務繁劇，民力困窮，謀言中止。今幸寧謐，尹捐己俸鳩工，罔不黽勉。從事卜吉於巽方文明之地，創建正殿三楹，規模宏大，甲於諸祠。肖塑先聖四公十哲像，及建明倫堂三楹，基礎垣堵，墁塈丹艧，月不再而一新，皆尹之功也。廟成徵文於石，以紀歲月，而傳永久。抑以余之不敏，發揚聖人之盛德，譬若挹大海仰蒼旻，焉能測其廣大深遠哉！謹再拜稽首，而言曰：天地之至大，日月之至明，聖人在於天地日月之間，道同乎大，而德同乎明也。祖述堯舜憲章文武，儀範師表於萬世。泰山之石，有時而崩，巨川之水，有時而竭，聖人之道之德，愈久而愈昌，愈密而愈彰，蕩蕩乎不可得而稱也。爰自漢唐以來，逮我聖朝大德丁未加封大成至聖文宣王，內之京師，外之路府州縣，皆建廟立學。設官養士，講明誠意，正心修身齊家治國平天下，孝悌、忠信、禮儀、廉恥等事，作成材器，致身行道於明時，其爲小補哉！切思古之爲政有四，學校一也，黨庠遂序，立於其中，誠爲國家之大本，風化之元氣。射御鄉飲，養老勞農，考藝選賢之政，皆在於是。舜曰庶頑讒説，若不在時，□以明之，撻以記之，書用識哉。工以納言，時而颺之，格則承之庸之，否則威之。《詩》曰：在泮獻囚。《禮》曰：受成於學。語曰：導以德，齊以禮，有恥且格。學校之政，其來遠矣。鄭人謂子產毀鄉校，何如？子產曰：不可，善者行之，不善者改之，是吾師也。聖人聞而仁之。於戲！方今朝廷文以治天下，普天率土，建廟立學，授儒職，主訓誨，及設科取士，猶作室者之養棟也。尹能欽遵盛典，茂建廟宇，宣明教於百里。至於春秋釋奠，衣冠禮樂之盛，良可觀焉。人聞其弦誦之音，疑以爲武城之宰也，亦宜矣。廟成，又增建門廡共九間，繪七十二賢像。銘曰：

贊天地之至大兮道彌彰，資日月之至明兮道彌光。封袞冕之王位兮載典章，享□笾之祀禮兮洽萬方。抑衛之屬邑兮曰胙城，避河沙之害□屢變更。遷縣治於華里兮品物亨，建王宮於巽方兮朝文明。地高爽而清肅兮鄰開天，月□而落成兮官帷賢。學校興而弦誦兮風化宣，願斯文之在聖朝兮億萬年。

嘉議大夫武岡路總管崔從矩撰，榮禄大夫前御史中丞知經筵事許有壬題額并書。

至正十三年中秋日建，刻石武安張敬祖。

65-1. 漢百里嵩使君之碑（碑陽）

立石年代：元代

原石尺寸：高 116.5 厘米，寬 74 厘米

石存地點：新鄉市封丘縣王村鄉廟崗村使君祠

〔碑額〕：使君之碑

漢百里嵩使君之碑

生能德被於民，則血食於廟。遂古及今，其有自來矣。《書》曰：記功宗以□作元祀。又曰：咸秩無□。□法曰：法施於民則祀之，□□□事則祀之，以勞定國則祀之，能禦大災則祀之，能捍大患則祀之。餘非祀典所載，苟有忠於國而相於民者……之南巨府曰汴，汴之屬縣十有六，而封丘其一也。縣之西北僅七里有廟焉，世以爲使君百里嵩廟，又稱……傳記，乃東漢人也，嘗爲徐州刺史。則□道常歲□□於境南部生所經，甘雨輒降。其後□車所經即雨，□海全……間，嵩傳駟不征，二縣獨不雨，父老□□□□到二縣，入□即雨，民普被澤。自我國家有天下以來，崇明祭祀大德也，自春至夏不雨，沙礫滿渠，□□焦□□□，咸有……公劉循暨主簿劉世榮等，□□衆曰：天久不雨，恐無秋□□□□□□云乎！蓋……自志可憑之鬼神，□祭祀□□，則□□作……生□鬼神，用天地之□也。……東兹有使君廟……公禱……諸濟天，率邑……禱則昭……以爲神則……使君生時爲□□屏爲□□命……以應其民□精應一感於蒼穹……其到今益能□□是邦□昔□洪□□□大□行春大旱，隨車致……焚者……未若我使君之德于斯爲盛，願刻石以記……

牛庭瑞刊，寓居浚儀鄉貢進士高建撰。

65-2. 漢百里嵩使君之碑（碑陰）

立石年代：元代

原石尺寸：高 116.5 厘米，寬 74 厘米

石存地點：新鄉市封丘縣王村鄉廟崗村使君祠

〔碑額〕：題名

　　坊廓士夫等：權封丘縣事儒士趙憲永，省理問所提控案牘高翊，汴梁路提控案牘徐鵬翼，湖州確茶提控李英，開封縣務使宋忠，行□同理問弟周澤，汴梁路務使陳文，儒學教諭申林，陰陽教諭樂貞，下□巡檢李德榮，□城務使李德溫。吉慶、付□。社長吳慶、社長董和、呂信、崔璧、付岳、趙成、司馬柏松、□四、□吉、李訥、陰□、□仕元、……郝德隆、趙成……蘇德成、□希驥……吳德明、醫學直張□……儒學直劉友文、丁思讓。縣吏：米瑞、蘇澤、李富、□振、李□、胡珪、呂元中、劉天錫。里正：司全、霍興、劉七、侯山、孟堅、王林、趙大祐、孫成。孫定、楊□、趙麟、賈正、安揖、魯成、劉玉、馮吉、崔臺。巨□、謝珪、郭□、最成、趙仲安、安順、劉順。衛村：妙慶、殷成、禿忽赤、拜行。王村：劉慶、謝德、張三、趙四、連副使。孟家莊：鄭州吏目聶瑞、李德卿、邢社長、翟二、呂元。小程村：高傑、陳四、菊墻林、翟社長。王家莊：趙琮。開村：李社長、高社長。辛安村：孫淵、孫福、白老。

　　開封縣：右尹蒙古萬戶侯知事邢善南，男不左帖不見。上陽保魯村：尚立、賈珍、史天祐、向乂。佛子崗：李提領、李百户。黑崗村：李令史、宋社長、劉大、張主首。馬臺村：王知印、周三、靳三。鄉耆人等不及一一標名。廟崗村：王乂、申乂、老張大、孫成、申福、老張二、陳彬、陳五、申大、陳大、張二、張四、小張二、小張三、申四、申五、王首、陳良、申六。馬塔村：馬廣資、李德、竇仁、小丘二、鄭百户、□彬、馬飛卿。㙜水院：社長何顯、馬天澤、王德信、張珪。白壤□：秦百户、孫百户、孫三、孫面前、馬大。孫村：孫四、胡四、軍孫二、盛百户、軍孫三、西孫成、侯□東、孫慶。河灣：楊顯。袁城寨：劉權府。首渠：劉用。坊廓孺人：劉顯忠、石青、吉顯、□德、□成、李茂、毛玉、邢節級、劉友忠、□成、王鑑。曹村：牛顯、牛四、馬德、馬百户。楊家塚：楊敬之。大馬村：付使、王珪。杞縣：尹道辛。曹南：魯變。

兵部侍郎

監使郭奉

命暨衛輝路總管成

公相路曹運

邮可稱百可遷宅

66. 兵部侍郎題名碑

立石年代：元代
原石尺寸：高 42.5 厘米，寬 45.5 厘米
石存地點：新鄉市輝縣市百泉風景區

兵部侍郎監使郭，奉命暨衛輝路總管成公，相踏漕運。
御可經□百門神泉。

唐宋金元

黄河流域水利碑刻集成·河南卷 一

67. 重建齊聖廣祐王廟記

立石年代：元代
原石尺寸：高 156 厘米，寬 68 厘米
石存地點：新鄉市衛輝市頓坊店鄉西南莊

〔碑額〕：齊聖廣祐王記

重建齊聖廣祐王廟記

汲郡之東北廿里，有鄉曰四賢□□曰郭村，地居清水之陰，泉甘土肥，草木茂盛，宜播百穀、桑麻，豐□□足衣食，輻輳來名，爲之名鎮。有□□然，榜曰亞岳府君之祠。貞祐間，殿宇墮廢。廟東北二十武有故塚墓，土人發去，得墓誌毀壞，惟□□蓋上有九字，額曰"大唐故崔府君墓誌銘"，塚之於壁。岳公扶杖來謁，□依來狀，略書梗概，而爲之記。□□者，姓崔氏，唐孫府君□，稱平日之德。按《搜神記》云：克寬克孝，無徇無私。治政過人，忠正靡□。□國□□，茌長子斷虎於黃嶺，牧□縣決龜□淇津，救唐皇夢□而蘇，衛鄭公□□加号。厥后，宋祥符間封□□□四瀆山□大澤，昔皆賜號□□西齊顯應王。古老□云：神之仙蛻，秘藏於廟。述六□，其歷唐五代，□□喪乱多矣。幸遇大元聖辰，敕賜亞岳齊聖廣□□號。年深殿宇損壞，有□人□進□奉神，□以□□奔流四方，備涉艱險，□□默禮于神，□儻賴陰□□還鄉井，願新祠宇慕報。甲午□，獲乃□創聖事，率當境□岳里社之家，富者施財，巧者獻功，貧者□□也，叶助剪荆誅莽，募工鳩材，□構正殿，爲王之□，□設兩廡，乃衆神像，百司別戢，掌同□府白大□□面哆牙，朱服金甲。猛□神吏，追□人魂。馭□□歷，福善□淫，□尤敬怖，□起三阴，備霓旌駕，周恒□□□望葱茂。宮建稍完，幾四十年。王□□兩廡，塑像□□□□金碧彩妝，焕然一新，爲百里巨觀，遠□□□歲時香火□屬於路，年穀豐□，病疫不□。吝□至户，馬松敬□，皆岳公□，彰其神威，致□□諭□□□之勞，費用之資，協贊之家，載之碑□。□□之□□諸翠珉，弘光百代，俾后之來者□所考焉者。

□□二年太歲□北□□夏四月望日，釜陽董□□撰。

上黨牛居伯書丹并□。

……

明（一）

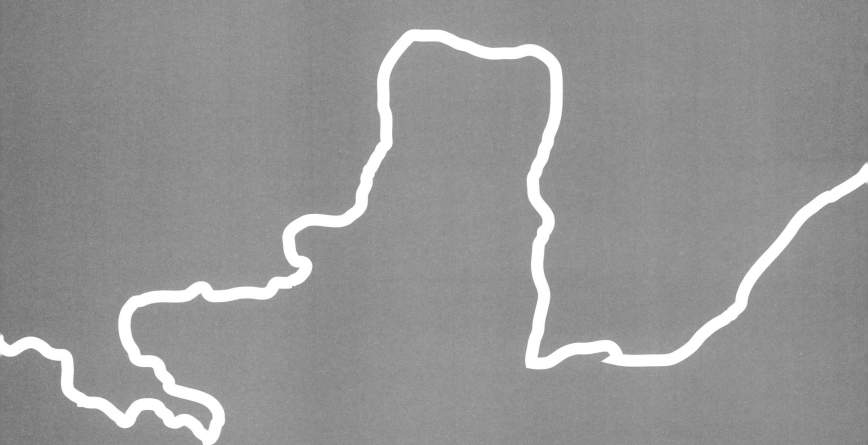

奉
天承運
皇帝詔曰自有元失馭群雄鼎沸土宇分裂聲教不同朕奮起布衣以安民為念訓將練兵平定華夷大
統以正永惟為治之道必本於禮考諸祀典知五嶽五鎮四海四瀆之封起自唐世崇名美號歷代有加
在朕思之則有不然夫嶽鎮海瀆皆高山廣水自天地開闢以至於今英靈之氣萃而為神必皆受命於
上帝幽微莫測豈國家封號之所可加以封號亦惟當時為宜夫
禮所以明神人正名分不可以僭差今命依古定制凡嶽鎮海瀆並去其前代所封名號
稱其神郡縣城隍神號一體改正歷代忠臣烈士亦依當時初封以為實號後世溢美之稱皆與革去其
之際名正言順於理為當用稱朕以禮祀神之意所有定到各神號開列于后
一五嶽稱東嶽泰山之神南嶽衡山之神中嶽嵩山之神西嶽華山之神北嶽恒山之神
一五鎮稱東鎮沂山之神南鎮會稽山之神中鎮霍山之神西鎮吳山之神北鎮醫無閭山之神
一四海稱東海之神南海之神西海之神北海之神
一四瀆稱東瀆大淮之神南瀆大江之神西瀆大河之神北瀆大濟之神
一各處府州縣城隍稱某府城隍之神某州城隍之神某縣城隍之神
一歷代忠臣烈士並依當時初封名爵稱之
一天下神祠無功於民不應祀典者即係淫祀有司毋得致祭
於戲明則有禮樂幽則有鬼神其理既同其分當正故茲詔示咸使聞知
洪武三年　月　日

68. 大明詔旨碑

立石年代：明洪武三年（1370年）
原石尺寸：高550厘米，寬170厘米
石存地點：濟源市濟瀆廟

〔碑額〕：大明詔旨

　　奉天承運，皇帝詔曰：自有元失馭，群雄鼎沸，土宇分裂，聲教不同。朕奮起布衣，以安民爲念，訓將練兵，平定華夷，大統以正。永惟爲治之道，必本於禮。考諸祀典，知五嶽、五鎮、四海、四瀆之封，起自唐世，崇名美號，歷代有加。在朕思之，則有不然。夫嶽、鎮、海、瀆，皆高山廣水，自天地開闢，以至於今，英靈之氣，萃而爲神，必皆受命於上帝，幽微莫測，豈國家封號之所可加？瀆禮不經，莫此爲甚。至如忠臣烈士，雖可加以封號，亦惟當時爲宜。夫禮所以明神人，正名分，不可以僭差。今命依古定制，凡嶽、鎮、海、瀆，并去其前代所封名號，止以山水本名稱其神，郡縣城隍神號一體改正，歷代忠臣烈士，亦依當時初封以爲實號，後世溢美之稱，皆與革去。其孔子善明先王之要道，爲天下師，以濟後世，非有功於一方一時者可比，所有封爵，宜仍其舊。庶幾神人之際，名正言順，於理爲當，用稱朕以禮祀神之意。所有定到各各神號，開列于後：

一、五嶽稱東嶽泰山之神，南嶽衡山之神，中嶽嵩山之神，西嶽華山之神，北嶽恒山之神。
一、五鎮稱東鎮沂山之神，南鎮會稽山之神，中鎮霍山之神，西鎮吳山之神，北鎮醫無閭山之神。
一、四海稱東海之神，南海之神，西海之神，北海之神。
一、四瀆稱東瀆大淮之神，南瀆大江之神，西瀆大河之神，北瀆大濟之神。
一、各處府州縣城隍，稱某府城隍之神，某州城隍之神，某縣城隍之神，
一、歷代忠臣烈士，并依當時初封名爵稱之。
一、天下神祠無功於民，不應祀典者，即係淫祀，有司毋得致祭。

於戲！明則有禮樂，幽則有鬼神，其理既同，其分當正。故茲詔示，咸使聞知。
洪武三年□月□日。

明（一）

濬縣重建龍祠頌

濬縣重建龍祠記

濬有山曰大伾在縣東三里高四十丈周五里其形突兀望如龜狀而無附麓峯峭秀挺河故道按
禹貢云導河東逕洛汭至於大伾者即此山也山之半巔有穴若巨竇窈之遠邃其際峯云龍從山
出故名龍穴又名西陽明洞神物主之先民立祠覆其洞口祈禱報應當時居民多後其利祠之廢興
在前紀考之舊祠元末兵燹源來知縣軍除華存翰為荊棘茂草美守土之吏有將舉影而不暇者宣德甲寅
冬十一月堂邑胡侯發其阯鍾存實日比聞年來多
胡侯一念之敬舉而路之則神有所棲終至今之亡其後數十餘年實夫神非不勤封崇顯侯兄於士者尊禮不顯
甚重後惠因其祠歷歲累值春旱而不修舉至今之亡其祭後數百載美觀人之養其利亦多矣何獨知之
旱譜德何之夫西陽明洞之神有功於世有庇於民請記其成余謂侯何為不之敬歟
委廢已資市材不俟人德不興於遠西陽明洞之神有功於庇於民以常年夫神非不勤封崇顯
秋八月既望本縣儒學教諭清白琮龍行記之
舉李季其必製作有漸致治日美濬邑之民咸其德色因書以神明美由是無旱暵之患兩暘順家
本能愛其民者宜其正月雨二月雨三月又兩苗稼蔵於利此為政寧南不
秋人足永壓於豐稔者皆侯之功而神之德也白琮龍
宣德十年秋八月既望本縣儒學教諭清白琮龍

永事陞知縣丞林憲李巖　　本縣典史藏嶋胡通
迪功郎縣丞林憲李巖
將仕郎縣主簿竇中康英
儒學訓導池陽陳恩
致仕後軍教諭歷孫本

　　　　　雷洋劉珠
　　　　閿鄉王璡　　　平川水驛丞李銓
　　　　　課局大使楊瑾
　　　　　王理　　　　　者老朱傑　陰宗道
　　　　　平安鐸　　　同立石

69. 浚縣重建龍祠記

立石年代：明宣德十年（1435 年）
原石尺寸：高 174 厘米，寬 74 厘米
石存地點：鶴壁市浚縣大伾山龍洞

〔碑額〕：浚縣重建龍祠之記

浚縣重建龍祠記

浚有山曰大伾，在縣東三里，高四十丈，周五里。其形突兀，望如龜趺而無附麓，峰巘秀拔，踞大河故道。按《禹貢》云"導河東過洛汭，至於大伾"者即此山也。山之半巔有穴若巨竇，窺之邃邃莫測其際，昔云龍從此出，故名龍穴，又名西陽明洞。神物主之。先民立祠覆其洞口，祈禱輒應，當時居民多獲其利。祠之廢興，載在前紀，考之舊祠，元末兵燹廢毀，其址雖存，鞠爲荊榛茂草矣。守土之吏有將舉焉而不暇者。宣德甲寅冬十一月，堂邑胡侯源潔來知縣事，除革奸弊之餘，睹其故迹，興嘆而不堪美報，謂同寅曰："比聞年來多旱，請禱何之？夫龍，神而知者也。神莅茲土，能興雲雨，除旱患，有庇於民物。其祠久廢，何爲不修而崇奉焉？"爰發己資，市材木，陶磚瓦，集衆工，一勸民力趨赴，不逾月而完美。僉請記其成，余謂：功不加於世，爵不顯於後，惠不施於人，德不興於遠。西陽明洞之神有功於世，有利於人，前宋敕封康顯侯，歷元守土者尊禮甚重。後因其祠廢，歲累值春旱而不修舉，至今亡其祭□十餘年矣。夫神非不利於人也，人自不之敬爾。胡侯一念之敬，舉而修之，則神有所栖，祭有所歸，□徒數百載美觀，人之獲其利亦多矣。可謂知爲政之本，能愛其民者。宜其正月雨，二月雨，三月又雨，四月不雨，祈之又雨，苗稼盛於常年也。推此爲政寧有不舉乎？其必製作有漸，致治日美。浚邑之民感其德教，知敬侯也如神明矣。由是無旱暵之患，風雨調順，家給人足，永底於豐稔者，皆侯之功而神之惠也，因書此□併記之。

宣德十年秋八月既望，本縣儒學教諭清源白琼記。本縣陰陽訓術王頤篆額。

承事郎、知縣堂邑胡清，迪功郎、縣丞林慮、李敬、雷洋、劉珠，將仕郎、主簿雲中康英，本縣典史鳳鳴胡通，耆老朱傑、陰宗道、杜宗道、李貴等。

儒學訓導池陽陳忠、閺鄉王瑄、平川水驛丞李銓、稅課局大使楊瑾、司典閆亨等。

致仕後軍都督府經歷孫本、醫學訓科蓋洪。

儒生楊顯書，王理、王安鎪同立石。

黄河流域水利碑刻集成·河南卷 一

70. 德勝橋重建記

立石年代：明正統八年（1443年）
原石尺寸：高238厘米，寬95厘米
石存地點：新鄉市衛輝市博物館

〔碑額〕：德勝橋重建記
德勝橋重建記

衛輝府治之西，有河近城，水深不可屬。西陝川蜀六詔西廣使客商旅遵陸路北上者，皆經此。車轔馬馳，自旦逮暮，澃若雲集。舊橋名曰德勝，以國朝天兵下河北，城守者率先歸附，因是而名。橋架木爲之，歲數易輒壞，行者病焉。汲縣知縣新淦黃潤氏謀欲作石橋，爲久遠之。郡守葉宜善其謀，馳奏朝廷，詔可。宜乃率同知賈寧、蔡誠，通判張儉與潤，鳩工集役。夫伐石取材木，市銅鐵諸物，而千戶楊英、張諒、郡推官方文書經歷魏等力贊相之。以正統四年己未秋九月興工，宜總其事，醫學官張寬、司獄鄭俊、太使韓福、陰陽訓術吳振、汲縣典史莊文分董其事。工匠與役者，用之有時，以節其勞，督之有法，以勸其勤，衆咸歡趨。再明年辛酉夏六月，訖工，橋名仍其舊。橋長凡一十八丈，高二丈六尺一寸。其上翼以闌，爲柱三十有六，其下累石爲洞門五。石皆鑄鐵錠鉗之。凡木石灰鐵之用爲數以百萬計，□食彼者爲數千計。其費雖出於郡守諸官所捐俸錢，而耆老楊智、劉榮、劉普觀等及浮屠禧志又勸河內縣官民各出布帛以益之，而此乃成。夫衛輝，河南大郡也，實西北要衝之地。國家承平，以……聖天子在御，大敷文德，四夷萬國，悉臣悉伏，邊鄙不聳，民……道朝……病於利涉乎？……力成之。人不阻險，如履坦途，其惠於人蓋甚大□。橋成……造橋之始末，郡守之經畫，與其寮屬之……壬辰進□起家，□仁……薦守衛輝，作新學宮及郵驛、譙樓。郡之百廢具舉，□民稱□□□□所道也。乃爲之書。

通議大夫禮部左侍郎兼翰林院侍講學士國史□裁兼經筵官臨川馬英撰，中憲大夫太常寺少卿兼經筵侍書廣平程南雲篆額。

河南都司都指揮林祥，指揮蕭徽、青雲、張□、朱良、李素、□□、葉旺、葉用、馬信、孫剛、張珍、汪福。千戶：余海、郭麟、朱忠、劉□、王官、陳鎬。百戶：洪文、王榮、劉□、王敬、茆真、曹信、吉安、江華、許俊、王□、易□、何清。

釋本璟書丹，秀士朱真，石匠□貴、成文整、張貴。……

正統八年歲在癸亥九月朔。

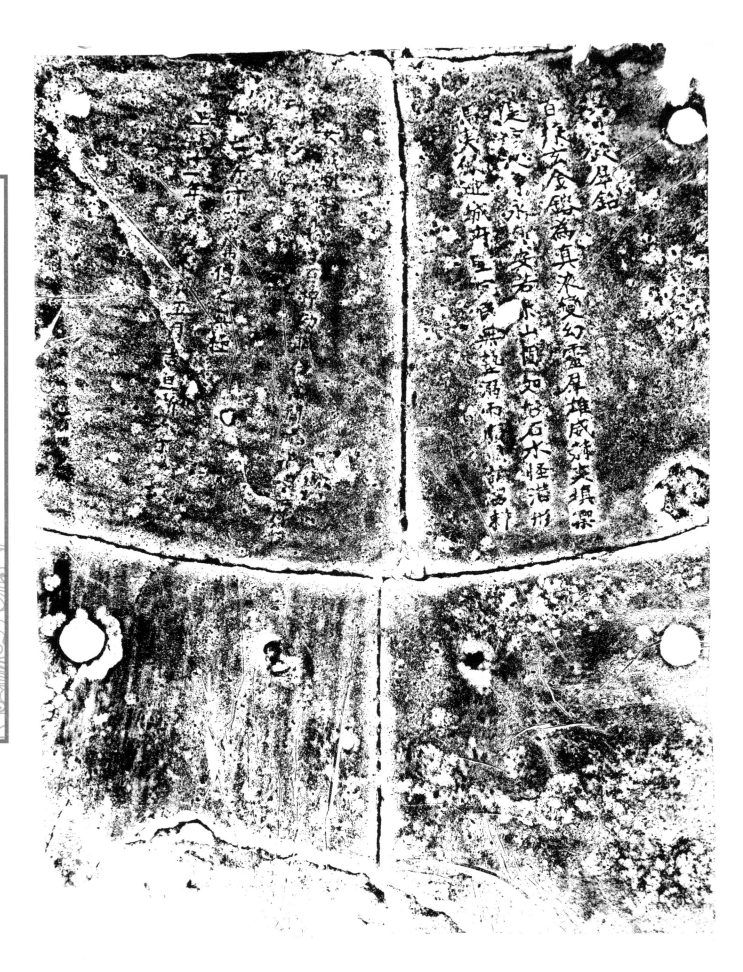

71. 于忠肅公鎮河鐵犀銘

鑄造年代：明正統十一年（1446 年）
鐵犀尺寸：鐵犀高 204 厘米，圍長 266 厘米
現存地點：開封市龍亭區北郊鄉鐵牛村

鎮河鐵犀銘

百煉玄金，鎔爲真液。變幻靈犀，雄威赫奕。填禦堤防，波濤永息。安若泰山，固若磐石。水怪潛形，馮夷斂迹。城府堅完，民無墊溺。雨順風調，男耕女織。四時循序，百神效職。億萬閭閻，措之枕席。惟天之庥，惟帝之力。爾亦有庸，傳之無極。

正統十一年歲在丙子五月吉日浙人于謙識。

〔注〕：此爲銅鐵銘文，較爲罕見，故收録在此。明初以來，由于統治階級不願大力治理黃河，致使黃河在河南一帶屢屢決口。自明洪武七年（1374 年）至明宣德三年（1428 年）的五十餘年間，黃河僅在開封、陽武、原武、滎澤一帶決溢多達 19 次，其中決口就達 13 次。危難之際，于謙受職爲河南巡撫，宣德五年（1430 年），隻身到開封上任。于謙在巡察黃河水情，采取了治理措施之後，于正統十一年（1446 年）鑄成鐵犀，并親撰《鎮河鐵犀銘》鑄在犀背。

明（一）

維景泰六年歲次乙亥六月乙亥越三日丁丑

皇帝謹遣都察院左僉都御史徐有貞祇奉香幣牲醴之儀專禱祀于

朝宗順正惠通靈顯廣濟太河之神

曰恭承

大命重付眇躬民社所係災祥攸繫志恒怵惕政每外率茲者兩澤不敷

河流欠浹舟船後滯水稼焦姜災患由臻玄私兩病究惟町自良有

在茲焉因咎致宂固朕將圖過而轉慈為福寔

神職當專夫有咎無勳迺將惟一而轉惠為福功就輿輿均特致懇祈聿

副懸望謹

告

72-1. 明代宗皇帝祭河神御製祭文碑（碑陽）

立石年代：明景泰六年（1455 年）
原石尺寸：高 257 厘米，寬 83 厘米
石存地點：濮陽市臺前縣夾河鄉八里廟村

〔碑額〕：御製祭文

維景泰六年歲次乙亥六月乙亥越三日丁丑，皇帝謹遣都察院左僉都御史徐有貞，祇奉香幣牲醴之儀，專禱祀于朝宗順正惠通靈顯廣濟大河之神，曰：恭承大命，重付眇躬，民社所依，灾祥攸繫，志恒內省，政每外乖。茲者雨澤不敷，河流欠浹，舟船淺滯，禾稼焦萎，灾患由臻，公私所病。究惟所自，良有在茲。然因咎致災，固朕躬罔避，而轉患爲福，實神職當專。夫有咎無勤，過將惟一，而轉患爲福，功孰與均？特致懇祈，幸副懸望。謹告。

黄河流域水利碑刻集成·河南卷 一

陪祭官

工部
都察院辦事官顏海
辦事官孔詡

山東布政司右布政使陸璇
右參議陳雲鵬
山東按察司僉事陳蘭

執事官
兗州府通判田懋
東昌府通判徐本敘
東平州判官宮政
臨清州判官開和
泰安州判官朱懋

陽穀縣知縣楊忠
縣丞永王蕙
主簿趙倫
東河縣生員在簿崔容
上縣主簿崔容
堂邑縣主簿劉
聊城縣典史頗忠
寧陽縣典史彭旭
魚臺縣典史劉瓚
濟寧州醫官開和
東阿縣霸官玉樫
實英

72-2. 明代宗皇帝祭河神御製祭文碑（碑陰）

立石年代：明景泰六年（1455 年）
原石尺寸：高 257 厘米，寬 83 厘米
石存地點：濮陽市臺前縣夾河鄉八里廟村

陪祭官：工部主事孔詡，都察院辦事官顧海，山東布政司右布政使陸瑜、右參議陳雲鵬，山東按察司僉事陳蘭。

執事官：兗州府通判田懋、王叙，東昌府通判徐本，經歷霍璡，東平州判官沈政，濟寧州判官呂贇，歸德州判官聞和，泰安州判官宋懋，陽穀縣知縣楊忠、縣丞王演、主簿趙禮，東阿縣主簿趙倫，汶上縣主簿魏端，鄆城縣主簿樊亨，聊城縣主簿崔敬，堂邑縣主簿蔡釗，寧陽縣典史賴忠，魚臺縣典史彭旭，濟寧州醫官劉瓚，東阿縣壩官王禮、葛海、竇英。

〔注〕：此碑係明代宗景泰六年（1455 年）六月三日丁丑沙灣決口堵口工程完工時所立之紀念碑，連碑首通高 257 厘米。碑身刻題名三欄，第一欄爲陪祭官，錄朝廷及山東官員五人，第二欄和第三欄爲執事官，錄府州縣官員共二十二人，記載此次公祭河神參加人員。此碑的出土，爲確定明中葉沙灣決口及當時大河神祠的位置提供了確切的實物證據，有利于瞭解當時沙灣治水情況。

御製
祝文

維景泰六年歲次乙亥閏六月乙巳朔十一日乙卯

皇帝謹遣都察院左副都御史馬謹祇奉香幣牲醴之儀專

禱祀于

北海之神曰恭承

大命重付眇躬民社所依災祥收繫志恒内省政每外乖茲

者雨澤不敷河流欠淺舟船淺澁禾稼焦姜災患由

臻公私所病究惟所自良有在茲然因

咎致災固朕躬圖避而轉患為福實

神職當專夫有咎無功過將惟一而轉患為福功氣與鈞

特致懇祈幸

副懸望謹

告

73. 明景泰六年御製祝文

立石年代：明景泰六年（1455 年）
原石尺寸：高 176 厘米，寬 90 厘米
石存地點：濟源市濟瀆廟

〔碑額〕：御製祝文
明景泰六年御製祝文

維景泰六年歲次乙亥閏六月乙巳朔十一日乙卯，皇帝謹遣都察院左副都御史馬謹祗奉香幣、牲醴之儀，專禱祀于北海之神曰：恭承大命，重付眇躬，民社所依，灾祥攸繫。志恒內省，政每外乖。茲者雨澤不敷，河流欠浹，舟船淺滯，禾稼焦萎，灾患由臻，公私所病。究惟所自，良有在茲。然因咎致灾，固朕躬罔避，而轉患爲福，實神職當專。夫有咎無功，過將惟一，而轉患爲福，功孰與鈞？特致懇祈，幸副懸望。謹告。

立石。

74. 敕修河道功完之碑

立石年代：明景泰七年（1456年）
原石尺寸：高225厘米，寬98厘米
石存地點：濮陽市臺前縣夾河鄉八里廟村

〔碑額〕：敕修河道功完之碑

惟景泰紀元之四年冬十月十有一日，天子以河决沙灣，久弗克治，集左右丞弼及百執事之臣于文淵閣，議舉可以治水者，僉以臣有貞應，詔乃錫璽書命之行。天子若曰："咨爾有貞，惟河决于今七年，東方之民，厄于昏墊，勞于堙築，靡有寧居。既屢遣治，而弗即功，□漕道阻，國計是虞，朕甚憂之，兹以命爾，爾其往治，欽哉！"臣有貞祇承惟謹，既至，乃奉揚明命，戒吏飭工，撫用士衆，咨詢群策，率興厥事。已，乃周爰巡行，自北東徂南西，逾濟、汶，沿衛及沁，□大河，道濮、范以還。既究厥源流，因度地行水。乃上陳于天子曰："臣聞凡平水土，其要在知天時地利人事而已。天時既經，地利既緯，而人事于是乎盡，且夫□之爲性，可順焉以導，不可逆焉以堙。禹之行水，行所無事，用此道也。今或反是，治所以難。蓋河自雍而豫，出險固而之夷斥，其水之勢既肆，又由豫而兗，土益疏，水益肆。而沙灣之東所謂大□之口者，適當其衝，於是决焉，而奪濟、汶入海之路以去，諸水從之而泄，堤以潰，渠以淤，澇則溢，旱則涸，此漕途所爲阻者。然欲驟而堙焉，則不可。故潰者益潰，淤者益淤，而莫之救也。今欲救□，請先疏其水，水勢平乃治其决，决止乃浚其淤，因爲之方，以時節宣，俾無溢涸之患，必如是而後有成。"制曰："可。"臣有貞乃經營焉，作制水之閘、疏水之渠。渠起張秋金堤之首，西南行九里□至于濮陽之濼，又九里而至于博陵之陂，又六里而至于壽張之沙河，又八里而至于東、西影塘，又十有五里而至于白嶺之灣，又三里而至于李崔之涯，由李崔而上又二十里，而至于竹□蓮華之池，又三十里而至于大瀦之潭，乃逾范暨濮，又上而西，凡數百里。經澶淵以接河沁。河沁之水過則害，微則利，故遏其過而導其微，用平水勢。既成，名其渠曰廣濟，閘曰通源，渠有分合，而閘有上下。凡河流之旁出而不順者，則堰之，堰有九，長袤皆至丈萬。九堰既設，其水遂不東衝沙灣，乃更北出，以濟漕渠之涸，阿西、鄄東、曹南、鄆北之田，出沮洳而資灌溉者，爲頃百數十萬，行旅既便，居民既安。

有貞知事可集，乃參綜古法，擇其善而爲之，加神明焉。爰作大堰，其上楗以水門，其下繚以虹堤，堰之崇三十有六尺，其厚什之，長伯之，門之廣三十有六丈，厚倍之。□之厚如門，崇如堰，而長倍之。架濤截流，柵木絡竹，實之石而鍵之鐵，蓋合土木火金而一之，用平水性。既乃導汶泗之源而出諸山，匯澶濮之流而納諸澤。遂浚漕渠，由沙灣而北至于臨清，□二佰四十里，南至于濟寧，凡二伯一十里，復作放水之閘于東昌之龍灣、魏灣，凡八，爲水之度，其盈過丈，則放而泄之，皆通古河以入于海。上制其源，下放其流，既有所節，且有所宣，用平水□。由是水害以除，水利以興。

初，議者多難其事，至欲弃渠弗治，而由河沁及海以漕，然卒不可行也。時又有發京軍疏河之議，有貞因奏蠲瀕河州縣之民，馬牧庸役，而專事河防以省軍費、紓□力。天子從之。是役也，凡用人工聚而間役者四萬五千有奇，分而常役者萬三千有奇；用木大小之□，九萬六千有奇，用竹以竿計倍木之數，用鐵爲斤十有二萬，鋌三千，絙百八，釜二千八百有奇，用麻百萬，荆倍之，槁秸又倍之，而用石若土，則不計其算，然其用糧于官，以石計，僅五萬而止□。蓋自始告祭興工，至于工畢，凡五百五十有五日。

于是治水官佐工部主事臣詡參議、山東布政使司事臣雲鵬、僉山東按察司事臣蘭等，咸以爲惟水之治，自古爲難，矧茲地當兩京之中，天下之轉輸，貢賦所由以達，使終弗治，其爲患孰大焉？夫白之渠，以溉不以漕；鄭之渠，以漕不以貢，而工皆累年，費皆鉅億。若武之瓠子不以溉，不以漕，又不以貢，而役久弗成，兵民俱敝，至躬勞萬乘，投璧馬籲神祇而後已。以彼視此，孰輕孰重，孰難孰易？乃今役不再期，費不重科，以溉焉，以漕焉，以貢焉，無弗便者，是于軍國之計、生民之資大矣、厚矣。其可以無紀述于來世？

臣有□曰：凡此成功，實惟我聖天子之致，所以俾臣之克效，不奪浮議，非天子之至明，孰恃焉？所以俾民之克寧，不苦□役，非天子之至仁，孰賴焉？有貞之於臣職，其惟弗稱是懼，矧敢貪天之功。惟夫至明至仁之德，不可以弗紀也。臣有貞嘗備員翰林國史，身親承之，不可以嫌故自輟，乃拜手稽□而爲之文曰：

皇奠九有，歷年惟久，延天之祐。既豫而豐，有蔀以蒙，見沬日中。

陽九百六，數丁厥鞠，龍蛇起陸。□失其行，河決東平，漕渠以傾。

否泰相乘，運惟中興，殷憂万凝。天子曰吁，是任在予，予可弗圖。

圖之孔亟，歲行七易，曾靡底績。王會在茲，國賦在茲，民便在茲。

□其幹濟，其爲予治，去害而利。惟汝有貞，勉爲朕行，便宜是經。

臣拜受命，朝嚴夕儆，將事惟敬。載驅載馳，載詢載謀，載度以爲。

乃分厥勢，乃堤厥潰，乃疏厥滯。分者既順，堤者既定，疏者既浚。

乃作水門，鍵制其根，河防永存。有埽如龍，有堰如虹，護之重重。

水性斯從，水利斯通，水道斯同。以漕以貢，以莫不用，邦計惟重。

惟天子明，浮議弗行，功是用成。惟天子仁，加惠東民，民是用寧。

臣拜稽首，天子萬壽，仁人是懋。爰紀厥實，勒茲貞石，昭示無極。

中憲大夫都察院左僉都御史臣徐有貞載拜謹書。

〔注〕：明正統十三年（1448年），黃河于新鄉八柳村決口，洪水直衝張秋鎮（今屬山東陽谷縣）、沙灣（今濮陽市臺前縣八里廟村南）一帶，運河河道被毀，南北漕運大動脈幾乎中斷。朝廷受到了很大的震動，先後派工部侍郎王永和、工部尚書石璞等治理沙灣河道，工程均失敗。景泰四年（1453年）十月，明代宗又任命徐有貞爲都察院僉都御史，治理沙灣河道。徐有貞到沙灣後，對地形水勢進行了詳細查勘，最後集思廣益，開創性地提出了置水門、開支河、浚河道的"治河三策"。該方案得到朝廷批准後立即開始實施。徐有貞這次治河，採取了疏、塞、浚并舉的辦法，耗費物資數以萬計，運角河工五萬八千餘人，歷時近兩年，於景泰六年（1455年）七月完工。此後山東河患減少，漕運通暢。本碑的撰文及書丹均出于徐有貞之手，書法挺拔秀麗，柔中有剛，氣韻神采俱佳，有較高的書法藝術價值。此碑是治黃史上的重大發現，是研究治理黃河與漕運并舉的珍貴資料。

《敕修河道功完之碑》拓片局部

御製
祭文

維天順元年歲次丁丑三月甲子
朔二十二日乙酉
皇帝遣中書舍人米賢致祭于
濟瀆之神
曰清濟之源實發于斯利濟之功
民物咸賴茲予復正大
位祗嚴祀典
神其歆格永佑家邦尚
饗

75. 明天順元年御製祭文

立石年代：明天順元年（1457 年）
原石尺寸：高 153 厘米，寬 65 厘米
石存地點：濟源市濟瀆廟

〔碑額〕：御製祭文

維天順元年歲次丁丑三月甲子朔二十二日乙酉，皇帝遣中書舍人朱賢致祭于濟瀆之神。曰：
清濟之源，實發于斯，利濟之功，民物允賴。茲予復正大位，祗嚴祀典，神其歆格，永佑家邦。
尚饗！立石。

明（一）

199

76-1. 重修靈顯九龍宮廟之記（碑陽）

立石年代：明天順二年（1458 年）
原石尺寸：高 140 厘米，寬 58 厘米
石存地點：洛陽市新安縣鐵門鎮龍澗村

〔碑額〕：重修靈顯九龍宮廟之記

重修靈顯九龍宮廟之記

盖聞上古以來，立祠廟於龍澗者，爲何而然也。因昔日九龍在於泉中飲水，忽然天地生霧，雷轟雨驟，而速致神通之顯化也。耆老人等發心修盖九龍神廟已完，憂其無人塑像。忽有一人自至廟中，乃曰：吾今願與塑神形像。耆庶忻然而喜悅。塑之不及一月而成就，龍神完備，衆皆銜環以□之，乃化清風而去之，此實爲龍神變化也。經今千萬載餘矣。迄今風調雨順，人民安泰，重修數次，其神之靈驗，而造化之速也有如是。故風馬雲車，宿爲出入，造化無窮盡也。矧以神依人而血食，人敬神而感應，爲人不敬天地神明，然衣食何由而所得，實乃神力之所祐也。或有遇灾旱所以祈者，然求風而風生，禱雨而雨施。乃人之誠敬之心，神必報之以速。洋洋乎如在雲上，如在□左右也。聖人有曰：神之格思，不可度思。矧可射思，濟度萬民，以至於今日矣。盖由永樂九年，曾雕鑾行宮。至景泰五年，又重盖三門，綵畫完畢，煥然一新。於是，鳩工耆士毛克讓等重復議曰：美事既成，略□□□以記無迹，吾恐久而遺忘矣。故命匠勒之於石，故余爲此記，以述其興修□意，使後賢者視之，益知光前顯後之不□矣。是爲之記。

新安縣知縣南昌龔問益撰，儒學廩膳生員趙郁篆盖書丹并鎸。

新安縣典史□□□，遞運所大史□□□，僧會義貴，住持僧郎然，函關驛丞□□，道會趙玄真，儒學訓導賈瑛，陰陽訓術鞏冕。丹青呂瑛，石匠：王榮、王昇。

天順二年歲次戊寅三月吉日……刘信等同竪。

76-2. 重修靈顯九龍宮廟之記（碑陰）

立石年代：明天順二年（1458年）

殘石尺寸：高140厘米，寬58厘米

石存地點：洛陽市新安縣鐵門鎮龍澗村

……新安縣司典崔祥、王雄、彭祥、馮貴、张□，江西永豐客人吳賢侃，山西安邑客人王惟……華嚴寺助緣住持僧人斌慧堂，省莊陳汝舟，遞運所白興，助緣女衆：席二姐、顔大姐、宋本真、王二姐、陳三姐、黃四姐、劉二姐、郭四姐、王大姐，助緣耆士：廟頭韓規、劉原，在城郭麟、姬英、陳賢、羊義、張雲，薛村李政，山莊頭李政。

本境鳩工耆庶：李恕、崔整、張成、崔榮、李榮、韓鼎、鞏剛、張寬、路寬、李大、路讓、李讓、崔端、張九、呂志、毛溫、吳玘、李三、路信、韓彬、鞏讓、鞏亮、呂景方、鞏信、劉芳、吳英、曲海、劉寬、劉清、鞏福、董貴、喬榮、張林、崔鑑、劉深、李普實、李寬、宋美、劉瑞、毛四、鞏昇、劉玘、劉珞、李友才、崔玘、陳海、李通、王福、張昇、吳整、董貴、邵二、趙真、呂聰、李貴、毛俊、劉端、郭全……張□、李□、邵海、李興、路堪、師三、袁清。

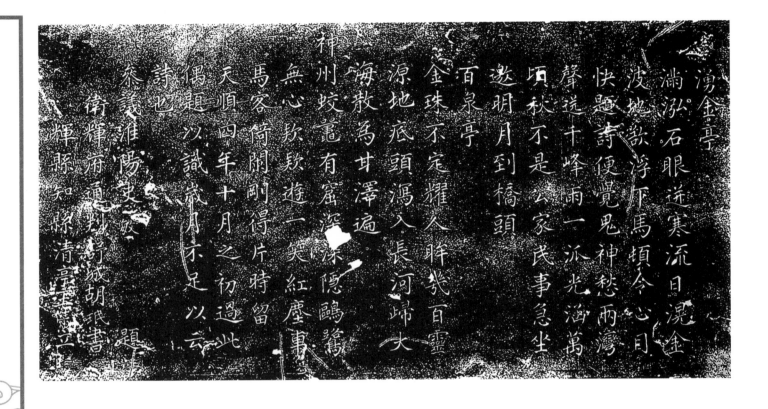

湧金亭

滿泓石眼逬寒流日泛金
波地欲浮下馬頓令心目
快題奇便覺毘神愁而灣
聲送十峰雨一派光涵萬
頃秋不是公家民事急坐
邀明月到橋頭

百泉亭

金珠不定耀人眸幾百靈
源地底頭馮入長河岸大
海散為甘澤遍
神州蛟竜有窟深隱鷗鷺
無心欸欸遊一笑紅塵裏
馬容笱閒時得片時留
天順四年十月之初過此
偶題以識歲月亦足以云
詩也
泰議淮陽史珎
衛輝府通判……胡珉書
輝縣知縣清章……

77. 涌金亭等詩碑

立石年代：明天順四年（1460年）
原石尺寸：高35厘米，寬85厘米
石存地點：新鄉市輝縣市百泉風景區

涌金亭

滿泓石眼迸寒流，日滉金波地欲浮。下馬頓令心目快，題詩便覺鬼神愁。兩灣聲送千峰雨，一派光涵萬頃秋。不是公家民事急，坐邀明月到橋頭。

百泉亭

金珠不定耀人眸，幾百靈源地底頭。瀉入長河歸大海，散爲甘澤遍神州。蛟鼉有窟深深隱，鷗鷺無心款款游。一笑紅塵車馬客，倚闌剛得片時留。

天順四年十月之初，過此偶題，以識歲月，不足以云詩也。

參議淮陽史敏題，衛輝府通判舒城胡珉書，輝縣知縣清亭王傑立。

明（一）

78. 重修沐澗寺聖水記

立石年代：明天順六年（1462 年）
原石尺寸：高 216 厘米，寬 100 厘米
石存地點：焦作市沁陽市紫陵鎮沐澗寺

〔碑額〕：重修勝果寺聖水記
重修沐澗寺圣水記

覃懷郡西北五十里，太行之陽有寺曰"沐澗"，號曰"妙理禪院"。形勢奇絶，莫可與儷。茂林環繞，山峰疊翠。背有太行巍巒以爲倚，面有元君飛石以爲古。紫金壇翼其左，實老子煉丹之處也；白龍潭居其右，即聖水所出之源也。宜爲佛子之所栖止焉。厥寺肇自大唐貞觀二年稠禪祖師起建，名曰"沐澗山勝果禪寺"。至唐昌行三年敕修功成，賜田勝果。歷世既久，毀於風雨，蹤迹無存。至宋明昌三年復有無雲禪師重修此寺。自是厥後，佛殿僧室悉壞而基址猶存。至永樂癸巳，山西太原德雲寺雲山禪師游方於此，睹其古刹道場，發心重修。奈無水用。其徒智照創燒銅瓦，造爲水渠，接引聖水於寺。未幾，三十餘載日晒風炮，演於石渣，施工疏導，毀於斧鑊，水道爲之不通。於源取水，甚至難行。厥寺下三百餘步雖有泉，清甘可食，但往復用力，譬若登天。當夫冬也，則寒冰載路，被滑而顛仆者有之；當夫夏也，則暑氣逼人，兩肩而去皮者有之。厥寺佛子覺林睹其水食艱辛，乃屬衆僧而謂之曰："水之爲用，不可一日而或缺也。吾與汝輩既居此寺以食此水，共力以疏之，如之何？"衆曰："吾輩德薄力寡，奚能成此大事？願汝以爲之。"於是覺林奮然發心，於正統己巳歲夏四月八日持鉢遍詣懷郡官僚、名門巨家，謁其門以此事語之。聞者莫不欣然，若懷慶衛指揮使薛鐸、景勳，同知蔡企、賀通、朱良，僉事沈榮、徐昌、賈雄等。施主牛志能、劉欽等感施俸廩、金帛、羅綺、布絹、錢銀、米麥。是皆崇善廣德、布種福田者也。即於山中采取青石，運之工所。遠近之人莫不爭先，趨事赴工，惟恐或後。於景泰庚午歲春三月一日，乃命工以經營之。度其遐迹，計其石料，推鑿之動，若雷若霆，造爲青石水渠五百餘步，上亦以石覆之，注之寺内，日用不窮，雖百世之後必無所損者也。至景泰丙子歲秋七月二十有七日，經營始終，凡十有三年，厥功始成。嗟夫，成功之難也如此，非上人立志之堅，用意之專，曷克以成此事乎？雖然，上人之功固云大矣，向非諸公好善之篤，施財之廣，必不能遂上人之願而致斯功之成矣。此善緣之落成，所以不偶然也。嗚呼，是功之在世，猶元氣之在四時也。四時代謝而元氣未嘗不存，古今代变而是功未嘗或泯。是以佛法之行昭然於斯世，豈有施功德於前而不獲報於後也耶？由是覺林善益以充、福益以廣，釋道相傳綿綿於悠久，妙法開演種種於無窮，則千歲之下食斯水也，睹斯功也，寧不覺林有羨焉？此予所以不能已於導聖水之記也。

賜進士出身北京行人司行人河内劉濟撰。

石工王璘男、王仲得、王昇刊。

懷慶府郡庠后學劉潤書丹，本山住持順無爲立石。

親教師辯無窮門徒覺悟、覺信、覺宣、竟諒、竟定、竟預、竟滿、竟惺、竟淵、覺正、覺璽；師叔荣性、空智、通秀，千峰海月潭竟真，法孫净深、净果、净欽、净温、净斌、净堅、净和；興隆寺住持安自然，從古、林海胤，臨川寺住持才楚實、海清，開花寺住持普銘、普興；義臺寺住持賢隱山、整無疑；懸泉寺住持永無説（定惠庵錦翠峰）；化城寺住持錦平、海成、海寬；懷慶府僧綱司正都綱□圓性庵，副都綱果如庵，雲陽寺住持祥瑞庵，雲妙峰延慶寺住持廣講主。

時大明天順六年歲舍庚午十月吉日。

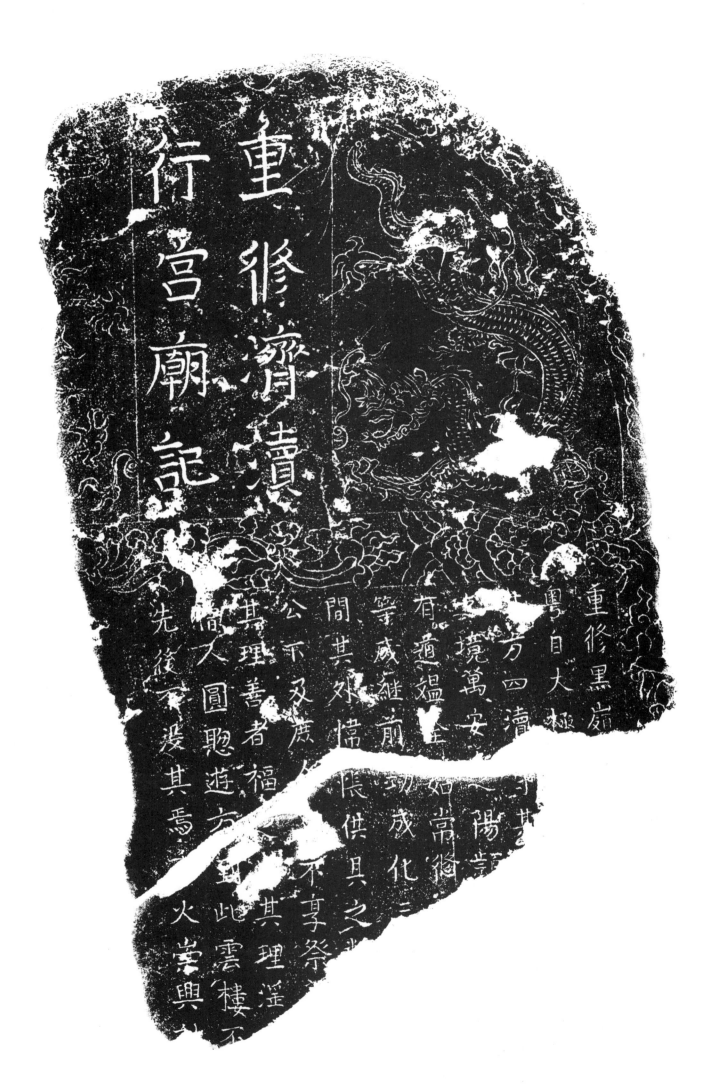

79. 重修濟瀆行宮廟記

立石年代：明成化三年（1467 年）
殘石尺寸：高 70 厘米，寬 40 厘米
石存地點：洛陽市伊川縣半坡鎮侯溝村

〔碑額〕：重修濟瀆行宮廟記

重修黑嶺……

粵自大極……方四瀆守其……境萬安之陽，潁……有道媼全如常修……等，咸繼前功，成化三……間，其外幃帳供具之……公，下及庶人，□不享祭……其理善者福之□，其理淫……僧人圓聰游方到此，雲樓不……先後，不沒其焉。□火崇興……

明（一）

御製祭文

維成化四年歲次戊子五月癸申朔越

初九日戊辰

皇帝遣河南等處承宣布政使司左布政使

孫遇賷捧香幣牲醴達儀祭告

濟瀆之神曰比歲江乘多方災沴雨暘不

時我民用瘁民之瘁夫予曷為懷

神矜于民忍以災德罹崇深歟與

神俾祈贊化機溥

天之休貴躬脩行予敢弗篤庶幾與

神同作民福謹

告

80. 明成化四年御製祭文

立石年代：明成化四年（1468 年）
原石尺寸：高 130 厘米，寬 75 厘米
石存地點：濟源市濟瀆廟

〔碑額〕：御製祭文

維成化四年歲次戊子五月庚申朔越初九日戊辰，皇帝遣河南等處承宣布政使司左布政使孫遇賫捧香幣牲醴之儀，祭告濟瀆之神曰：比歲以來，多方灾沴，雨暘不時，我民用瘁。民之瘁矣，予曷爲懷。神矜于民，忍降以灾，德澤崇深，孰與神侔。祈贊化機，溥天之休，責躬修行，予敢弗篤。庶幾與神同作民福。謹告。

子典教輝庠辛卯五月
朔月之暇偕同寅二君
于進覽衛源因為一律
求和併勒于石以紀一
時之興耳

盤桓亭下日將西萬斛珠
璣望眼迷白鷺迴芳岸
遠清波倒漫楚天低公和
嘯嶺歸雲為幛康節吟窩石
作梯得暇興茗重過此拂
塵分和壁間題
　　　　金陵趙智

乘開策馬出城西煙樹蕎
茫路欲迷水面珠璣光錯
落波中鷗鷺影高低東迴
蓮渚遠堪賞西望山葉不
可梯自是冷官多逸興湧
金亭下各富陽金魚
留題

泉源來自太行西散亂金
珠入望小蛹縱橫苔石
動鰷魚跳躍水蘇低清高
恍入雲霄路灑酒如登月
窈梯乘興解鞍徐步慶湍
懷樂趣把詩題
　　　　太原褚寧

成化七年是月望日立

81. 趙智等題衛源詩

立石年代：明成化七年（1471 年）
原石尺寸：高 38 厘米，寬 78 厘米
石存地點：新鄉市輝縣市百泉風景區

予典教輝庠，辛卯五月朔日之暇，偕同寅二君子游覽衛源，因爲一律求和，併勒于石，以紀一時之興耳。

盤桓亭下日將西，萬斛珠璣望眼迷。白鷺回翔芳岸遠，清波倒浸楚天低。公和嘯嶺雲爲幔，康節吟窩石作梯。得暇與君重過此，拂塵分和壁間題。

金陵趙智。

乘閑策馬出城西，烟樹蒼茫路欲迷。水面珠璣光錯落，波中鷗鷺影高低。東回蓮渚還堪賞，西望山峰不可梯。自是冷官多逸興，涌金亭下各留題。

富陽金魚。

泉源來自太行西，散亂金珠入望迷。小蟹縱橫苔石動，儵魚跳躍水蘇低。清高恍入雲霄路，瀟洒如登月窟梯。乘興解鞍徐步處，滿懷樂趣把詩題。

太原褚寧。

成化七年是月望日立。

明（一）

213

82. 酇城東瓦子河石橋碑銘

立石年代：明成化八年（1472 年）
原石尺寸：高 42 厘米，寬 70 厘米
石存地點：商丘市永城市酇城東瓦子河石拱橋

　　大明國河南開封府歸德州永城縣酇縣鄉古城東，修建石橋。大功德施主侯孟常，同室人溫氏
丁氏、楊氏；長男侯鐵槌、来得；女侯聰兒、節兒、等兒、錢兒。同弟侯世禄，見仕蘄春縣職仕。
妻夏氏，長男侯璽。曹氏，侯禎、侯可、侯茂合家眷□謹發誠心，自捨己財，于就本里瓦子河修
建石橋壹座，觀音堂壹所，永鎮橋梁，人天供養，祈保□常。同弟侯世禄，合家□□嗣續繁昌。
凡在時□吉祥。□音者，住持比丘善果，徒弟興任、興旺、興雲、興序、普寧。地主侯老七、王榮、
王剛。石匠邵瑩，男邵興、邵昇。

　　時成化八年八月吉日立。

明（一）

215

83-1. 衛輝府重修德勝橋記（碑陽）

立石年代：明成化十六年（1480年）
原石尺寸：高228厘米，寬80厘米
石存地點：新鄉市衛輝市徐氏家祠

〔碑額〕：衛輝府重修德勝橋記

衛輝府重修德勝橋記

郡治之西一里許，是爲衛河，溯河之源，出輝之蘇門山，徑流于新鄉，抵城西。而郡之西南有曰孟姜女河，其水亦經于此，與衛合而東之。是水之上，路東迤北通于京，路西迤南達于汴，實輪蹄冠蓋之衝，所謂要津也。每歲九夏之暑，雨則巨浸奔流，長江逝波，往來者無不病涉焉。是河之橋創作，蓋不知其幾變矣，歷年來利濟雖多方，而未有能爲之橋者。國朝正統庚申，知府葉宜始建石橋，置木欄以濟，而民皆仰之。其欄歲久傾圮，成化壬辰，知府邢表置石欄以濟，而民亦賴之。越明年癸卯，適夏之六月，伏陰愆期，霪雨作災。時黃河水泛溢，于沁合而橫流，奔潰于衛，凡官宇、民舍多被陷溺，橋之欄一洗而空矣，經行者莫不忌之。庚子歲，欽差鎮守河南太監藍公，欽差巡撫河南都御史李公撫鎮衛輝，而經斯橋，念逝水之奔騰，驚修築之蕩析，乃召予而告之曰：君子爲政，莫急於濟人，況橋梁道路，猶有司所當經理者，容可不盡心乎？予承是命，叨守斯土，敢怠厥事？於是鳩工聚材，積磚累石，作堅實之功，爲經久之計，不苟且徇外以沽一時之名也。營創方殷，中貴公又發白金十兩助之，而橋賴以成。橋之東西各添一拱，兩旁捍以石欄干四十有七，鎮以石獅子五十有六。長以步計之三十有三，闊以尺計之一丈有八。財出於節冗費而俸有餘；工出於市民力而人樂就。由是橋梁完固，履道坦然，視昔殆有間矣。此皆二公董督、贊襄之功，而予無預焉。事竣，予乃率郡之士庶共登于上，以觀民風，因而嘆曰：斯橋既作，其利博矣。往者稱其便宜，來者頌其順快，而人利之也；牧放者無病涉之勞，馱載者無被溺之害，而物利之也。人物利之，萬世永賴，則斯橋之作，其利不其博乎？不寧惟是，凡郡之高人智士，蚤焉游息，睹金波之洶涌，接風帆之遙曳，而心目豁然。此橋之上晝景可樂也；晚焉休沐，觀淵魚之潛躍，聆漁歌之唱和，而意趣飄然，此橋上之暮景可樂也。予乃顧謂士庶曰：二公命予修斯橋，匪直有濟人利物之功，而且添高人智士之樂，如此後之官吾官、民吾民者，有能繼其功而大之，因其舊而修之，則二公憫民之心斯爲無窮，而其利澤之及於人物者，可謂博且遠矣。記終又從而銘之曰：

相維古衛，皆茲大川，新中流派，蘇門涌泉。伊水之土，是河之邊，南通于汴，東達于燕。蕩蕩巨浪，漫漫修曠，輿梁頻決，時事屢遷。往者見滯，來者被延，噫昔之守，實今之賢。建橋□度，設欄以緣。歲久傾圮，人實憂悁，中丞俯念，內使垂憐。囑我修葺，期于實堅，承命唯唯，馳心乾乾。圖就其緒，思免厥愆，橋既完矣，路亦坦然。石獅壯麗，石欄森嚴。乃績既著，厥功當傳。穿碑是勒，大書用鎸，二公勳名，億萬斯年。

中憲大夫衛輝府知府張謙撰，奉政大夫同知□惟勤書，承德郎通判□秩篆。

承德郎通判張忠、承德郎推官韓陽立。

大明成化十六年歲在庚子秋九月望日。

83-2. 衛輝府重修德勝橋記（碑陰）

立石年代：明成化十六年（1480 年）
原石尺寸：高 228 厘米，寬 80 厘米
石存地點：新鄉市衛輝市徐氏家祠

衛輝府經歷吴知，知事于懷，照磨孫敏，司獄吕賢，醫生張清，□生趙宣。

汲縣知縣李梁，縣丞趙安、劉能，主簿張蘭，典史葉獻，省祭官張深。

府學教授徐昌，訓導董昭、吴鉞、熊威博。

縣學教諭王文，訓導王墨，廣積倉大使孫欽、何樂、李玉、馮直、□意、程美、王臻。

舉人張綱、張訓、麥榮、楊林、李文、范鞏、謝颶、錢道、□□、陳暐，府庠生黄□、顧苗。

監生周璉、李鏞、魏昭、張弼、李鬲、余志、麥秀、李□、陳喜、楊琮、許進、蔣清、□素。

衛源水馬驛驛丞劉恕，河平遞運所大使武幹，北關閘遞運所大使李陽，税課司大使杜敩。陰陽學正術路寬，醫學正科張璟，增綱司都綱昌欽、昌□。

義官徐廣、楊寧、劉傑、胡清、朱賢、王讓、俞全、劉璽、張諶、朱剛、吴俊、張□、王鋭、郭俊、劉真、寇榮、田瑛、麥鋭、蘇濟、王義、徐英、劉詔、李□。

致仕官王泰、郭暹、徐章、賈源。

耆老張鳳、蔣文舉、楊景、王慶、郭英、羅榮、王佐、王英、葛□、校瑛、常奉、吴琛、校鋭。

封丘縣義民劉鎮、劉剛。西關總甲吴竟、侯禎、劉聰、楊剛、黄忠。

石匠：蔡成、段廣、程聰。搭□匠：楊□。木匠：羅曰新、李文泰。泥水匠：□□。

重建大伍垕山豐澤廟記

重建大伍垕澤廟記

潭有山曰大伍去邑治幾二里潭之深秀可愛山行數百步又有洞曰西陽明洞就之亦竒隆窿……所謂神剜而天劃洞之有龍父……相傳舊矣邑有旱輒禱之立應至今人欲知晴雨者猶視其雲氣焉……

出沒為驗焉政和間所司具聞語封為康顯侯而作廟其上以祀之凡勒於石載於志而播於人口……

赫赫若前日事夫何歷歲既久廟貌即捐……

……大明成化二十一年歲次乙巳秋八月吉日……

……儒學教諭慈谿姜森撰 錢唐淩升書

石匠董宣鎸

84. 重建大伾山豐澤廟記

立石年代：明成化二十一年（1485 年）
原石尺寸：高 164 厘米，寬 74 厘米
石存地點：鶴壁市浚縣大伾山龍洞

〔碑額〕：重建大伾山豐澤廟記

重建大伾豐澤廟記

浚有山曰大伾，去邑治幾二里許，望之深秀可愛。山行數百步，又有洞曰西陽明洞，就之，亦奇怪可愛，真所謂神剜而天劃。洞之有龍，父老相傳，舊矣邑有旱，輒禱之立應。至今，人欲知晴雨者，猶視其雲氣生之出沒爲驗焉。政和間，所司具聞，詔封爲"康顯侯"，而作廟其上以祀之。凡勒於石載於志而播於人口者，皆赫赫若前日事，夫何歷歲既久，修葺頗疏，以故洞日堙，廟日圮，而神之靈幾弗逭於前矣？乃成化辛丑以來，旱無虛歲，邑民屢饑，至成化乙巳，旱則愈甚，邑民大饑。于時新安洪公遠，始以進士來尹茲邑，講求荒政，務在救時。而邑丞洮陽李公靖□以才名見知當道，實能單厥精誠，以相昭假，凡可以回天意而致雨澤者，爲之惟恐或後，乃相與修省齋沐，遍舉群祀，而於茲廟尤注意焉。是歲六月庚辰乃雨，乙酉大雨，俄而，饒洽之賜及乎公私，歡欣之聲動乎遐邇。蓋二公之誠不徒積於己，而能通於神；神之靈不徒顯於前，而能繼於後也。於是丞以其功歸之尹，尹復以其功歸之丞。丞之意弗釋也，乃直歸功於神，而欲一新其廟貌。即捐俸易材爲民望，民亦從而樂助之。遂命義官李釗、邢鏑等督工，不逾月而告成矣。故事當立石以紀其實，僉以其文屬於余。余嘗讀東坡《喜雨亭記》，有"一雨三日，伊誰之力？民曰太守。太守不有，而歸之天子；天子曰不然，而歸之造物；造物不自以爲功，而歸之太空"之說，竊喜今日事有類於是。噫！二公不自以爲功，而歸之於神，吾固得而見之矣。若□神之歸功於造化，與造物之歸功於太空，吾則不可得而測也。惟紀於石以俟知者云。

時大明成化二十一年歲次乙巳秋八月吉旦，儒學教諭慈溪姜森撰，錢唐凌升書。

前錦衣都指揮指揮王春、王時，寧山衛千户陳賫、陳昂，義勇衛經歷岳鏞，太平主簿張瓛，聽選官畢能、廉亨、杜昂、黃贊、温讓、趙宸、孫恭、申洪、王達、張鳳、蘇廣、張忠。

户部主事宋明，訓導陰緒、許麾，監生李春、熊鉞、高□、劉端、張璿、趙鎧，舉人李景、王溱、尹雄、王洧，巡檢陳宗瑠，浚縣知縣洪遠，縣丞李靖、魏寧，主簿黃瓚，典史李錫，巡檢郭文，大使何孜，兩浙運同劉文，致政官王述、邢鑑、姬瑛、劉安、張聰、楊欽、朱翊、劉風、李鑒、趙鑌。

驛丞吉廷臣、馬驄，僧會繼仁，道會楊玉林，訓科蓋鎧，訓術路淇。

石匠董宣、宋成鐫。

85-1. 衛輝府重修石橋記（碑陽）

立石年代：明弘治六年（1493 年）
原石尺寸：高 238 厘米，寬 84 厘米
石存地點：新鄉市衛輝市徐氏家祠

〔碑額〕：衛輝府重修石橋記

衛輝府重修石橋記

河南古號大梁，又爲汴州，歷代沿革不一。我聖明一統天下，富有萬方，肇建藩省，分置七府，而衛輝其一也。上應室壁之宿，商帝所都之域。去藩省一百七十里，其山川之勝，民物之繁，風俗之淳，商賈往來之饒，兆自古昔，而今益盛，實禮義之邦也。郡城西關舊有河，發源蘇門山東北，流經府城北一里許，水深勢涌，尋常叵測，大凡商賈往來、驛遞使客以及遐方僻壤朝供諸司官吏，水陸驅馳者，咸經此地，誠爲要津。是河舊有木橋，名曰"德勝"，國初天兵下河北，城守官軍率先歸附，因是而名。歲久圮壞，行者病焉。正統辛酉，郡守葉宜以其事聞，詔可其奏。遂爲市材集工，不日成之，爲之一新，行者便焉。學士臨川王時彥先生爲文，以善治與之。閱歲辛亥，忽值黃、沁二河水發，沖突兩涯，壅塞上下，舟楫不通，車馬艱涉，爲害尤甚。適華容王儆以名進士歷刑部正郎來守是郡，下車之日，首詢民瘼，耆老以河橋始末告，侯乃慨然曰：先務爲急，牧民者之責也。即爲處置木石、工費。此橋元有五空，今首尾各加二空，通爲九空，砌以灰石，棚以大木，百廢皆舉，隱如金堤，比昔益固，自是水陸兼濟，而無滯之患者矣。厥工興於弘治壬子五月，畢於是年十有一月。鄉進士范翬、謝鵬輩喜得賢侯，子民之暇，舉修廢政，惠及遠邇，其利博哉，宜礱貞珉，用書善政，爰旌賢能。請言于予。予辱居隣郡，雅知侯治郡之詳，不讓古人，而修橋則牛刀小試爾，他日政成名著，自外入內，大展才猷，措天下如泰山之安，則今日區區之功云乎哉。特書此，以爲記。

宗人府掌府事駙馬都尉相臺周景撰，賜進士山西按察司副使郡人劉璋書，賜進士江西道監察御史祚城樊祉篆。

衛輝府同知金舜臣，通判孫懋、柴鵬，推官王現，經歷劉鳳，知事白玘，照磨石瑛，檢校許錦，司獄吳剛等立。

總督工：衛源水馬驛驛丞五河許明，聽選官張深。

弘治六年歲次癸丑二月吉日。

85-2. 衛輝府重修石橋記（碑陰）

立石年代：明弘治六年（1493年）

原石尺寸：高238厘米，寬84厘米

石存地點：新鄉市衛輝市徐氏家祠

〔碑額〕：碑陰

守禦衛輝前千户所正。千户：張聰、楊綸；副千户：馮林、朱勳、水永；百户：黄玉、王春、王昇、李兆、韓溥、周隆、□舍。

汲縣知縣劉登遠，縣丞：周繹、劉剛，主簿王昇，典史蒙杲，儒學教諭熊璉，訓導吕贊、劉□、□□生宋隱。

衛輝府儒學訓導：唐麒、劉大全、張皞、湯濂。河平遞運所大使强□，税課司大使于彪，北關□大使施全。陰陽學正術路寬，醫學正科張景，僧綱司副都昌善。

誥封監察御史李聰，安慶府推官張訓，冠帶孝子生員徐寧，事親生員阮志，旗士謝榮、□□、李俊、□□。

舉人□昂、錢貫、張継、張□、李需、劉瑞、李天敏、張禄、徐拱元、徐朝元。監生陳熹、温鑑、許進、王頌、蘇霖、楊宗、李素、李良、孫壽、范鑑、劉詡、楊謹、郭惠、李瓘、米瑞、蔡濟、秦□、陳寧、楊環、吳登、鄒麒、周東銓、王瓚、胡璉、李□、周天祥。

致仕官：王泰、郭暹、尹政、徐章、麦榮、董温、盧能、張剛、韓英、魏昭。

聽選官：李俊、耿源、趙璽、張裕、張軾、宋良、王祥、尚英、崔友。

義官：王讓、王福、俞全、張鳳、朱剛、寇榮、吳俊、田模、田俊、張謹、劉詔、李善、陳棟、徐奎、徐林、王豫、蘇濟、蔣澤、宋昇、尤銘、李洪、徐英、李賈、李贊、李寬、張溥、朱錢、劉璽。

耆宿：張鳳、吳智、劉廣、□鑑、郭綱、陳綸、蘇剛、丘祥、陳暘、蘇澤、李景和、段文德、李茂、秦玘、劉欽。

西關總甲：方俊、郭名。

86. 重修濟瀆廟記

立石年代：明弘治十年（1497年）
原石尺寸：高142厘米，寬70厘米
石存地點：焦作市山陽區蘇家作鄉侯卜昌學校濟瀆廟

〔碑額〕：重修濟瀆碑記

重修濟瀆廟記

覃懷郡城之東北四十餘里有鄉曰清下，村曰博昌，舊有濟瀆廟焉。背太行而面沁水，□□□其神之威靈烜赫，鞭雷策電，叱風布雨，隨感而應，香火粲盛，歲致祭焉。未知肇於何時。至□□路時敏重修正殿，并左右二祠、蠶姑殿，具有石碣可考，□村之民敬信其神者，甚於他邑，□□民者亦厚焉。祈雨而霖，禱穀而熟，求蠶而絲，告病而愈。誠之所響，應必隨至。致四方士，□□□限。遠近之域民，不止億兆之數，牢牲醴酒，拜獻于庭，幾不容足。惜乎春更秋變，日去月來，□□柱礎將欹焉，堦墀將圮焉，丹青將渝焉。本村路高等瞻仰悼嘆，惻然有動于中，於是乃□□□曰：君子創業垂統，薦可繼也。今廟宇損壞，墙壁傾頹，誰之過歟？於是各捐己資，輸誠協□□□不召而來，不勸而從，富者輸其財，貧者竭其力。弊者補之，欹者直之，圮者□之，渝者飾□，□□四楹，子孫殿四楹，□□□所拜殿、舞楼、三門并關王殿一一興工，不惟繼於前，而尤述□□□有□焉。□□□貌燦然一新，金碧輝煌，鬱然疊翠，於是神得以安，人愜其願，神人以和。□□□朝弘治丁巳而厥功告成，□□等謂□衆曰：功既興矣，宜乎立石以記其事。衆曰：諾。因請僕□□□不能以□靈以人而靈，人之所以能神其神之靈者，以其誠也，經曰：誠者，人之道也。人□□□奉神而致靈者，其容有不誠乎？人以誠感，神以靈應，自有不期然而然者矣。人誠能一發必誠，必信上帝昭昭對越無愧斯爲誠也。傳曰：不作於前，後將何述。不述於後，前將□□□之以竣，後之君子俾知有所考焉。時大明弘治十年歲次丁巳冬十二月上旬立之。

武陟待賢鄉王鎮熙撰。

本社里人成章書丹。

汴梁天王寺募緣僧道來。

維那首：路魁、路謹、程友。

耆老：王佐、程順、劉普、路招、路□、程美、程名、成敏、成鑑、馮□。

山王庄刻字石匠：廉福、廉德。

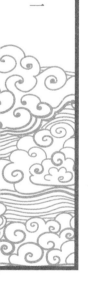

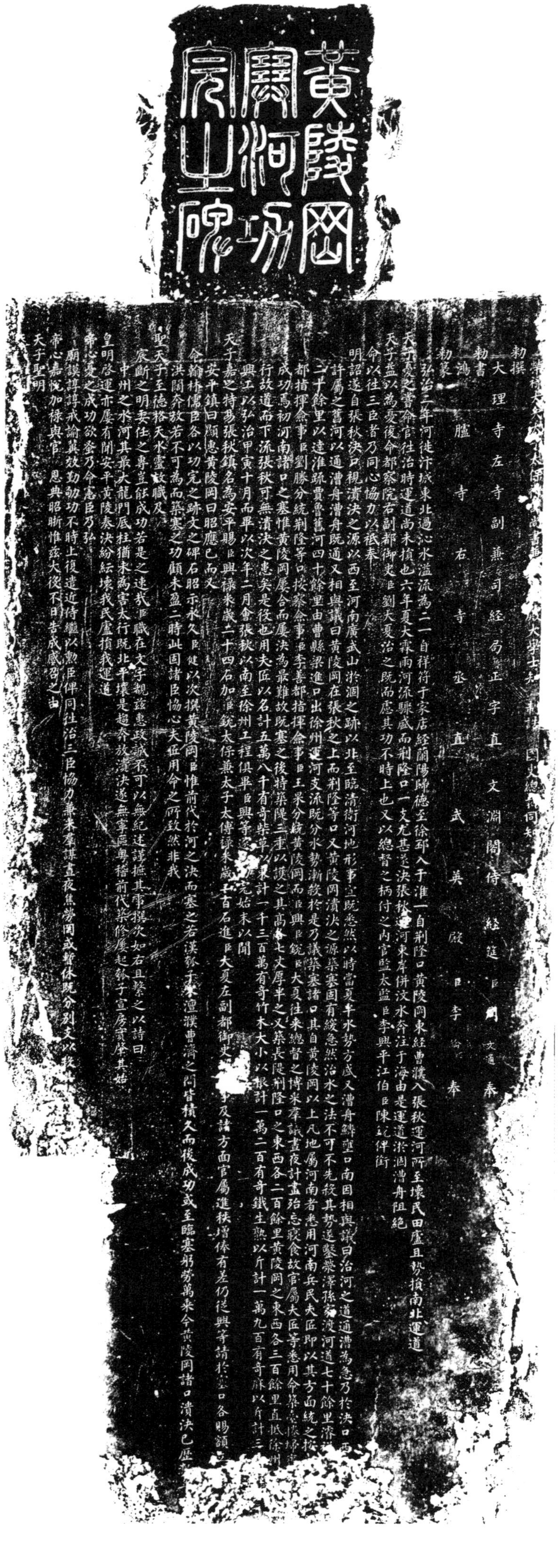
黄陵岡塞河功完之碑

87. 黃陵岡塞河功完之碑

立石年代：明弘治十年（1497 年）

原石尺寸：高 200 厘米，寬 65 厘米

石存地點：開封市蘭考縣宋莊村碑樓內

〔碑額〕：黃陵岡塞河功完之碑

弘治二年，河徙汴城東北。過沁水，溢流爲二：一自祥符于家店，經蘭陽、歸德，至徐邳入于淮；一自荊隆口黃陵岡，東經曹、濮入張秋運河。所至，壞民田廬，且勢損南北運道。天子憂之，嘗命官往治，時運道尚未損也。六年夏，大霖雨，河流驟盛，而荊隆口一支尤甚，遂決張秋□河東岸，併汶水奔注于海。由是運道淤涸，漕舟阻絕。天子益以爲憂，復命都察院右副都御史臣劉大夏治之。既而慮其功不時上也，又以總督之柄付之。內官監太監臣李興、平江伯臣陳銳，俾銜命以往。三臣者乃同心協力，以祇奉明詔。遂自張秋決口視潰決之源，以西至河南廣武山淤涸之迹，以北至臨清衛河。地形、事宜既悉，然以時當夏半，水勢方盛，又漕舟鱗壅口南，因相與議曰：治河之道，通漕爲急。乃於決口西……許，屬之舊河以通漕舟。漕舟既通，又相與議曰：黃陵岡在張秋之上，而荊隆等口又黃陵岡潰決之源。築塞固有緩急，然治水之法不可不先殺其勢。遂鑿滎澤孫家渡河道七十餘里，浚……二十餘里以達淮。疏賈魯舊河四十餘里，由曹縣梁進口，出徐州運河。支流既分，水勢漸殺。於是，乃議築塞諸口。其自黃陵岡以上，凡地屬河南者，悉用河南兵民夫匠，即以其方面統之：按……都指揮僉事臣劉勝分統荊隆等口；按察僉事臣李善、都指揮僉事臣王杲分統黃陵岡；而臣興、臣銳、臣大夏往來總督之。博采群議，晝夜計畫，殆忘寢食。故官屬夫匠等，悉用命築臺捲掃，齊□□□□□成功焉。初河南諸口之塞，惟黃陵岡屢合而屢決爲最難。故既塞之後，特築堤三重以護之，其高各七丈，厚半之。又築長堤，荊隆口之東西各二百餘里；黃陵岡之東西各三百餘里，直抵徐州。□□□□□行故道，而下流張秋可無潰決之患矣。

是役也，用夫匠以名計五萬八千有奇；柴草以束計一千三百萬有奇；竹木大小以根計一萬二百有奇；鐵生熟以斤計一萬九百有奇；麻以斤計三□□□□□。興工以弘治甲寅十月，而畢以次年二月。會張秋以南至徐州工程俱畢，臣興等遂□□完始末以聞。天子嘉之，特易張秋鎮名爲"安平"；賜臣興祿米歲二十四石；加臣銳太保兼太子太傅，祿米歲二百石；進臣大夏左副都御史□□事。及諸方面官屬，進秩增俸有差，仍從興等請於塞口各賜額立廟□□□□。安平鎮曰"顯惠"，黃陵岡曰"昭應"。已而又命翰林儒臣，各以功完之迹文之碑石，昭示永久。臣健以次撰黃陵岡。臣惟前代於河之決而塞之，若漢瓠子、宋、澶、濮、曹、濟之間，皆積久而後成功，或至臨塞、躬勞萬乘。今黃陵岡諸口潰決已歷數年，□□洪闊奔放，若不可爲而築塞之功，顧未盈二時。此固諸臣協心，夫匠用命之所致，然非我聖天子至德格天，水靈效職，及宸斷之明、委任之專，豈能成功之若是之速哉！臣職在文字，睹茲惠政，誠不可以無紀述。謹撮其事，撰次如右，且繫之以詩曰：

中州之水，河其最大。龍門底柱，猶未爲害。太行既北，平壤是趨。奔放潰決，遂無寧區，粵稽前代，築修屢起。瓠子宣房，實肇其始。皇明啓運，亦屢有聞。安平黃陵，奏決紛紜。壞我民廬，損我運道。帝心憂之，成功欲畚。乃命憲臣，乃弘廟謨。諄諄戒諭，冀效勤劬。功不時上，復遣近侍。繼以勛臣，俾同往治。三臣協力，兼采群謀。晝夜焦勞，岡或暫休。既分別支，以殺其……

帝心嘉悦。加禄與官，恩典昭晰。惟兹大役，不日告成。感召之由，天子聖明。

　　榮禄大夫太子太保□□尚书兼□□殿大學士知制誥國史總□同知……敕撰，大理寺左寺副兼司經局正字直文淵閣侍經筵臣周文通奉敕書，鴻臚寺右寺丞直武英殿臣李綸奉敕篆。

《黄陵冈塞河功完之碑》拓片局部

王子遊於大伾之麓　二三子從焉為秋雨霽野寒聲　在松徑龍居之寮寵汗佛嶺之寮隆天其而景下未濟而出空曾衡之故述

吊長河之遺蹤　倚清秋而遠望寄遐想於飛鴻於是開觴雲石洒尾峰高歌振於岩壑絲管遍於悲風　二三子吷然太息曰夫子

之至於斯也而傑之之止　走偶獲供為芒山之常存固夫子之容無窮也而若走者龔榮植於朝苗與媵姑而始待吁嗟乎

何恆於牛山峴首之沿胞玉子曰嘻二三子尚未喻於吾向之與尔感嘆而吊悲者乎當魯衛之會我在於車馬玉帛之繁於苑文物

之盛其榜百倍於吾儕之聚於斯也而知矣是固嘗袁之必然尔尚未睹夫長河

何恆其餚無夷則斯也不蕩為沙塵而化為烟霧者幾希矣況吾與子遘於天地也而

之決龍門下底柱恢發於莽里坐奔濤薺里固千古之徑瀆也而且平為禾黍之野崇為芭井之墟吁嗟乎忽其飄忽之偾

峙者其餚無夷則斯出之不蕩為沙塵而化為烟霧者幾希矣況吾與子遘於天地也而

而欲較父贅於錙銖者弋吾姑與子達觀於宇宙可乎二三子曰何如王子曰山河於一介遊

一元也不猶一日之於須史乎然則父暬嫛客撑定執而小大未可以一隅也而

八趣之表罜某造物之外彼人事之倏然又烏是為女人之茅蒂者乎二三子憙乃復飲已而久陽入於西壁童僕侯於嚴阿忽

有歌聲　自谷而出曰高山夷芳深谷嫛嫛將肼胘是師芳朝為吾罄距悔可追恆其他王子曰盍起而從之其

人已入于烟蘿矣

大明弘治己未重陽餘姚王守仁伯安賦并書

88. 王守仁游大伾山賦

立石年代：明弘治十二年（1499 年）

原石尺寸：高 197 厘米，寬 83 厘米

石存地點：鶴壁市浚縣大伾山

王子游於大伾之麓，二三子從焉。秋雨霽野，寒聲在松，經龍居之窈窕，升佛嶺之穹窿。天高而景下，木落而山空，感魯衛之故迹，吊長河之遺蹤。倚清秋而遠望，寄遐想於飛鴻。於是，開觴雲石，洒洒危峰，高歌振於岩壑，餘響遞於悲風。二三子嘅然太息曰：夫子之至於斯也，而僕右之乏，二三走偶獲供焉。茲山之常存，固夫子之名無窮也。而若走者，襲榮枯於朝菌，與蟪蛄而始終。吁嗟乎！亦何怪於牛山峴首之沾胸。王子曰：嘻！二三子尚未喻於向之與尔感嘆而吊悲者乎？當魯衛之會於茲也，車馬玉帛之繁，衣冠文物之盛，其獨百倍於吾儕之聚於斯而已耶！而其圍於麋鹿，宅於狐狸也，既已不待今日而知矣，是固盛衰之必然尔。尚未睹夫長河之決龍門、下底柱以放於茲土乎，吞山吐壑，奔濤萬里，固千古之經瀆也。而且平爲禾黍之野，崇爲邑井之墟。吁嗟乎！流者而有湮，峙者其能無夷，則斯山之不蕩爲沙塵，而化爲烟霧者幾希矣。況吾與子集露草而隨風葉，曾木石之不可期，奈何忌其飄忽之質，而欲較久暫於錙銖者哉！吾姑與子達觀於宇宙可乎？二三子曰：何如？王子曰：山河之在天地也，不猶毛髮之在吾軀乎？千載之於一元也，不猶一日之於須臾乎？然則久暫奚容於定執，而小大未可以一隅也。而吾與子固將齊千載於喘息，等山河於一芥。遨游八極之表，而往來造物之外，彼人事之倏然，又烏足爲吾人之芥蒂者乎！二三子喜乃復飲。已而，夕陽入于西壁，童僕候於岩阿。忽有歌聲自谷而出曰：高山夷兮深谷嵯峨，將胼胝是師兮胡爲乎蹉跎。悔可追兮遑恤其他。王子曰：夫歌爲吾也。蓋急起而從之，其人已入于烟蘿矣。

大明弘治己未重陽餘姚王守仁伯安賦并書。

〔注〕：本碑左下有跋一則，因漫漶不清，略而不錄。

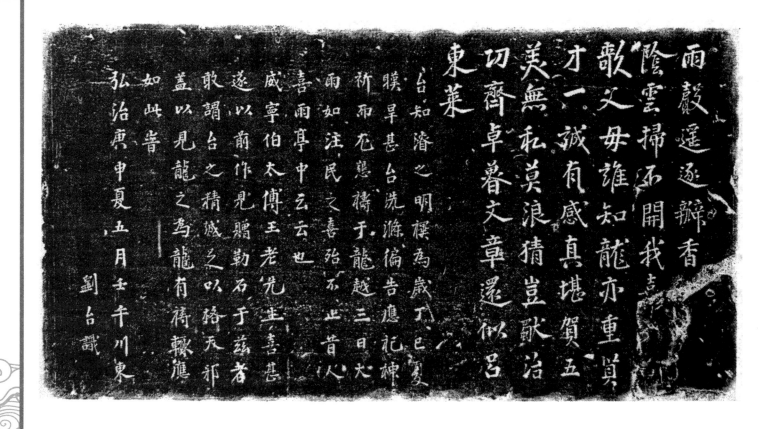

雨蒙遥逐瓣香
陰雲掃亦開我喜
敢文母雄知龍亦重真
才一誠有感真堪賀五
美無私莫浪猜豈歡治
切齊卓馨文章還似吕
東莱

台知潜之明楔為歲丁巳夏
膜旱甚台洗滌偏告應祀神
祈而危懇禱于龍越三日大
雨如注民之喜殆不止昔人
喜雨亭中云也
威寧伯太傅王老先生喜甚
遂以前作見贈勒石于兹者
歌謂台之精誠之以格天邪
蓋以見龍之為龍有禱輒應
如此皆
弘治庚申夏五月壬午川東
劉台識

89. 劉台識刻而跋王越詩一首

立石年代：明弘治十三年（1500年）
原石尺寸：高73厘米，寬130厘米
石存地點：鶴壁市浚縣大伾山龍洞

雨聲遥逐瓣香□，□□陰雲掃不開。
我喜□□歆父母，誰知龍亦重賢才。
一誠有感真堪賀，五美無私莫浪猜。
豈獨治功齊卓魯，文章還似呂東萊。

台知浚之明祀爲歲，丁巳夏，暵旱甚。台洗滌遍告應祀神祈，而尤懇禱于龍。越三日，大雨如注，民之喜殆不止。昔人《喜雨亭》中云云也。威寧伯、太傅王老先生喜甚，遂以前作見贈，勒石于茲者。敢謂台之精誠，足以格天邪？蓋以見龍之爲龍，有禱輒應如此。時弘治庚申夏五月壬午，川東劉台識。

〔注〕：此碑嵌于浚縣大伾山龍洞拜殿內壁。行書。王越作，劉台撰刻。此碑是目前發現王越在大伾山唯一的詩作刻石。

明（一）

235

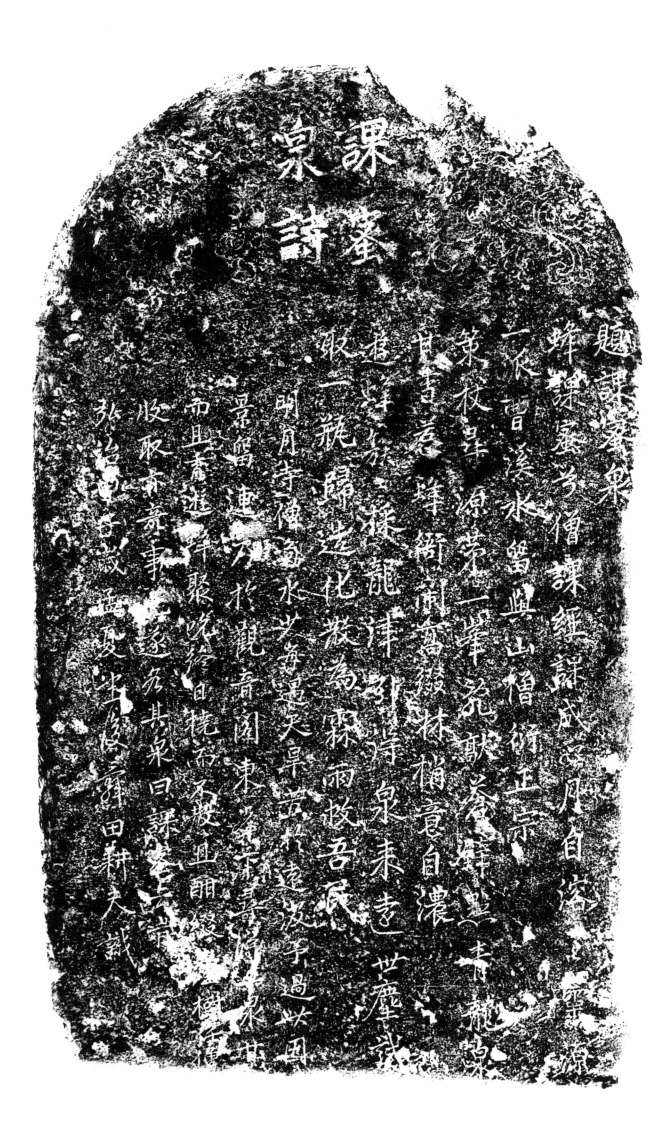

90. 題課蜜泉

立石年代：明弘治十七年（1504年）
原石尺寸：高87厘米，寬50厘米
石存地點：焦作市博愛縣月山鎮月山寺

〔碑額〕：課蜜泉詩

題課蜜泉

蜂課蜜兮僧課經，課成心月自溶溶；靈源一派曹溪水，留與山僧衍正宗。

策杖尋源第一峰，亂敲蒼壁點青龍；泉甘香惹蜂銜鬧，高綴林梢意自濃。

游蜂簇簇采龍津，引得泉來遠世塵；試取一瓶歸造化，散爲霖雨救吾民。

明月寺僧多水少，每遇天旱，苦於遠汲。予過此，因景流連，乃於觀音閣東峰下尋得之。泉甘而且香，游蜂聚唊，終日繞而不散，且酣綴崖樹，任僧收取，亦奇事也。遂名其泉曰"課蜜"云。

時弘治甲子歲孟夏望後舜田耕夫識。

明（一）

91. 祈水靈應記

立石年代：明弘治十八年（1505 年）
原石尺寸：180 厘米，寬 96 厘米
石存地點：安陽市林州市任村鎮東盤陽村大爺廟

祈水靈應記

聖天子龍馭弘治之拾□年歲次甲子□春年正月以至三月春首暨尾，雨雪衍期，麥苗弗茂，民將艱食，冤心驚怖。嗚呼！聖天子之命，以喻冤救□萬之民者，欲在非□安集之耳。大□□□□生生之天足其飽，援之□安其田里，樂其生涯，平其詞訟，均其勞逸，□其飢寒，撫其□用，□其奸□，以遂良□。此以上之所以□□之本意也。苟以斯數者，而亦有□焉，豈臣子體君上愛恤黎元之意乎？不惟□官且□□矣。茲因以民爲本，民以食爲天，民食既艱，用本□願縣□賦稅，將何以備？有司失職，尚何怨懟？且愚以□德□村□，膺是□□部□未同化祇懼，惟恐上負□朝廷，□□榮祖與幼之所學，□貽笑于民于。況值是灾，寧不若始爇之薪，而加之以官脂乎？由是不□□□□我僚屬以及耆老百是人□，奔走于境内之名山大川，遍告群神，設壇城南，出舍郊野者，肅齋米蔬食菜，□以斷屠宰，微雨雖施于數次，土膏終未盡被沾濡。而又謀及乃心，謀及士庶，謀及耆老，僉曰：吾地磻陽有赫斯神，名號至靈，先世京兆，三原偉人，神姓□氏，□諱白□，藥師其字，如幼聰明，乃舅摘鹿□之□兵，輒嘆莫及，林智絶倫，牛弘欽服，推席相迎，稱爲王佐命世之雄。楊素見异，拊床期公，終當大貴，後卒有徵，隋失其鹿，豪杰共逐。天命有唐，啓祚晋陽。桃李歌謠，位協神堯，赤心往常，臣節匪虧。功貫乾坤，□□股肱，社稷是經，地采天成。世充授首，肖銑就擒，公祐面縛，頡利失魂，陰山喋血，雪恥除凶。磧石鏖戰，伏……食邑于英，福履弘遠，傳流于今。我民可□□□可因甲午三年，……靈和民□□如屏□□□民福祇，如□如賜，有禱即應，如響與聲，求雨即雨，求晴即晴。試往求之，驗否有應。噫嘻！吾境□有如是之神，何道乎天之不雨？何慮乎苗之不茂？何恤乎民之不食已。肅吾衣冠，整吾禮儀，秉吾誠敬，潔吾牲醴，精吾庶羞，率吾僚屬，躬詣神廟，□伏神庭，冀求甘雨，以蘇蒼生。方佛之際，四野□陰，□禮既畢，□□蒼空。返至中途，雷聲殷殷，未及城門，大雨如傾，逾時弗霽，民歡如□。使神雨足，□□靈矣，不足以救飢□；神雨金，應成應矣，不足以爲食。豈若斯霖，慰我民心，既沾既足，蘇我百谷。布葉萋萋，結□離離，民□以青，□鬱以銘。仍於謝時，吾□興嗣，偶獲寒疾，舉家驚危，默醫于神，即時康寧，神錫佳兒，既聰且明，一世亨通，繼吾家聲，神功盛□。□□□衷，再祈尊神，俾我後昆，螽斯繩繩。佑我官遷，烏府維薪，得諫大君，膏澤生民。以遂平生，敢背鴻恩，勒銘于石，□□□□，功用□□，躬□爲辭，以侑之□。

　　□□赫赫兮□□□，遺像岩岩兮在廟堂。漳河潺流兮似神光，太行崎立兮衛兩行。積衆之灵兮感上蒼，膏雨下降兮逾甘棠。酬吾盟誓兮□□□，□我餚薄兮加蒸□。空中颯颯兮神亨我漿，綵雲飄飄兮神見霓。稽首再拜兮舞蹈企昂，爲唐忠臣兮功業大張。

　　賜進士出身文林郎林縣知縣京都戴冕從周書。

　　□世家京都辛登進士□□蒙聖神文武皇帝除授林縣事……

　　時弘治拾捌年歲次乙丑春三月吉日。

大明正德元年八月終冬春夏至次年六月中無雨太旱二麥不

地元始天尊住世化現三元上元官南角徵羽于元金冰火

盖聞咱苫生天生地又短有陰有陽混沌初分清者為天濁者

民過艱難無可尋恩眾各誠心備辦香財供俻前赴雲棧勝境

佛說威上金輪佛頷大熾盛光如來陀羅泥經至感雨順風調

伏佛佛感應之恩雨澤之恩各慶神堂社廟每年二月初二日上聖赴會香紙供卷春

千報聲天尊太乙玄穹高上帝殿東至五星增福人間九曜除災二十八

秋大天尊應感雷聲普化天尊保平安王三宗五帝龍王雷公電母水

玉皇大聖尋聲應感元雷聲普化天上帝金闕化身天尊并富村土地山道将軍

王位虛無師相玄天上帝金闕舜王

神位大明正德二年歲次丁卯仲秋月吉日之　重修維那頭李寧

石匠　賈

92-1. 大旱祈雨碑（碑陽）

立石年代：明正德二年（1507 年）
原石尺寸：高 156 厘米，寬 77 厘米
石存地點：安陽市林州市合澗鎮小寨村府君廟

盖聞自古生天生地，又知有陰有陽，混沌初分，清者爲天，濁者爲地。元始天尊住世，化現三元，上元宮商角徵羽，下元金木水火土，中元生老病死苦。天有晝夜風雲，地有旱澇之灾，人有當下禍福。大明正德元年八月，終冬春夏，至次年六月中，無雨大旱，二麦不收，民過艱難，無可尋思。眾各誠心，備办香財供養，前赴雲梯勝境，佛說金輪，佛領大熾盛光如來陀羅泥經，有禱至感，雨順風調，式仗佛威。上下鄉坊各處神堂社廟，每年二月初二日，上洪山寶嚴寺千佛如來相會雨澤之恩。八月初一日上聖赴會，香紙供養。春祈秋報，感應之恩。西至本殿，東至洪山，不許胡祈亂取，周流感應。第玉皇大天尊、玄穹高上帝、天上五星，增福人間，九曜除灾。二十八宿尋聲赴感，太乙救苦，天尊保平安，十二元神添吉慶。一眾大香者，九天應元，雷聲普化。天尊舜王、三宗五帝、龍王、雷公、電母，水草大玉虛師相、玄天上帝，金闕化身天尊，并當村土地、五道將軍眾神位。

重修維那頭李寧、妻李（氏）。

石匠：賈志倉、賈志微。

大明正德二年歲次丁卯仲秋月吉日立。

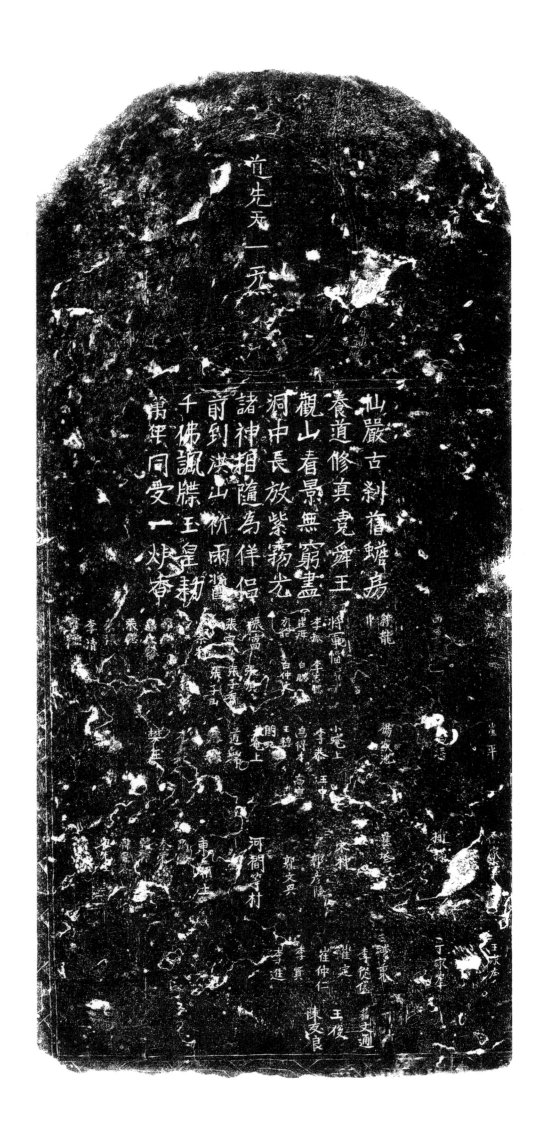

仙巖古刹舊蹉跎

養道修真堯舜王

觀山看景無窮盡

洞中長放紫霧光

諸神相隨為伴侣

前到洪山祝雨暘

千佛諷誦玉皇敕

萬年同受一炉香

92-2. 大旱祈雨碑（碑陰）

立石年代：明正德二年（1507年）
原石尺寸：高156厘米，寬77厘米
石存地點：安陽市林州市合澗鎮小寨村府君廟

〔碑額〕：道先天一炁

仙岩古刹舊蟾房，養道修真堯舜王。

觀山看景無窮盡，洞中長放紫霧光。

諸神相隨爲伴侶，前到洪山祈雨醬。

千佛諷牒玉皇敕，萬年同受一炉香。

盤坯、崖平、原家堂、王家莊、西窑、天橋、榭梯、丁家崖、□龍、楊家池、崖坻。

將軍塯：李振、崔海、方能、張富、張寧。小寨：□□、□文□、張德、李懷、李清、李志聰、白聰、白仲文、張順、張子秀、張子山。小庵上：李恭、高德才、王穩、閆玘。大庵上：道瑞、□□。樊庄：王中、高亶。宋村：郭彦隆、郭文興。河澗等村，東廟上：秦榮、韓祥、韓景合、宋先玉。灣裏：李從儀、崔定、崔仲仁、李賢、李進、蘇文通、王俊、陳友良。

明（一）

重伏山角荒碑記

懷州河內縣城西北之東向村舊有建福寺壹
所自唐創修以來等碑擀文代代俱顯年深目
久風雨摧殘父老兄弟不忍坐視以失後傳而

共正德二年復將古碑原文重勒扵古碑乃扵
文云東向村之正北有壹土塚名曰山角荒内
有山神廟壹座乃是我北孔村社親祭天祷雨
以及和社往來傳身之地因此培裁相樹數拾
餘株以取殷人柏之吉一則護村兩擋風險再
則希望後人年久不忘耳至扵所買之坡地基
計三段茲將每段中長括數依次列于後

計開

第壹山角荒南北路地基壹段
中長拾大北括七大伍尚括叁大廬尺
北至陳姓東西兩至石姓南至大路

第貳山角荒南北路地壹段
北至山角荒南至西堰齊東至石郭弐姓西至扵頭石姓東
至南顯石陳王劉牛龔六姓

第叁西廟地壹段
中長弐拾玖大南括肆大北括叁大陸尺
南至石姓北至弐段南頭東至廟四至石姓

會首 石榮郭智石文通石選室
石巌郭把石建福郭崇隆 合社公立
舉人田世祥 撰並書

正德二年十月初一日 穀旦

93. 重修山角荒碑記

立石年代：明正德二年（1507年）
原石尺寸：高46厘米，寬72厘米
石存地點：焦作市沁陽市西向鎮东向村建福寺

重修山角荒碑記

懷州河內縣城西北之東向村舊有建福寺壹所，自唐創修以來築碑攢文，代代俱顯。年深日久，風雨摧殘。父老兄弟不忍坐視，以失後傳，而於正德二年復將古碑原文重勒於石，乃古碑文云：東向村之正北有壹土塚名曰"山角荒"，內有山神廟壹座，乃是我北孔村社親祭天禱雨，以及和社往來停身之地，因此培栽柏樹數拾餘株以取殷人柏之吉，一則護村而擋風險，再則希望後人年久不忘耳。至于所買之坡地，共計三段，茲將每段中長括數依次列于後。

計開：

第壹：山角荒南北路地基一段，中長拾丈，北括七丈伍，南括叁丈陸尺。北至陳姓，東西兩至石姓，南至大路。

第貳：山角荒南北路地壹段，中長伍拾肆丈，北括叁丈陸，南括叁丈陸尺。北至山角荒，南至西堤齊，東至石、郭貳姓，西至北頭石姓，西至南頭石、陳、王、劉、牛、郭六姓。

第叁：西廟地壹段，中長貳拾玖丈，南括肆丈，北括叁丈陸尺。南至石姓，北至貳段南頭，東至廟，西至石姓。

會首：石榮、郭智、石文通、石選室、石銳、郭圯、石建福、郭景隆。

合社公立。

舉人田世祥撰并書。

正德二年十月初一日穀旦。

明（一）

94-1. 重建義勇武安王廟碑記（碑陽）

立石年代：明正德八年（1513 年）
原石尺寸：高 214 厘米，寬 78 厘米
石存地點：新鄉市封丘縣王村鄉廟崗村使君祠

〔碑額〕：重建義勇神祠碑記

重建義勇武安王廟碑記

我皇明奄有寰宇之初，□餘□□□明□□泛淫□□□可明者，□□之不……下，萬國□廣，靡不患王之□道，王之□□□□□如盛……有益於時，殁有□於□，其王□□□大利□□□□□有之……能感□有如是之深且遠也。吾已□王……國初里人所建也，歲時或水……弘治己酉夏六月廿日，□民范公上□□父老□輩以天時……霖雨沾足，遠邇滕□，官民忻忻。七月四日，……乃□□□□王應□於影響，□加於民，其□且至□□，廟宇歲頹□圮，則祠靈……功之□有□□□新之，則貲費浩大，事之成□于一力，一時所□□必歷久，合衆或以□□□□于成，僉□月□三閱寒暑，儲蓄至萬余緡錢，□□興建之功，□□之宜也。于時□木□□□之料，彩畫丹漆之□，與瓦工資匠作之費，一皆□□，□□□□工匠興建之，則明□□□夜□□，乃作其構王殿三間，中構小殿三間，前構大門一間，崇其徑墉，□其門□□□殿惟□□□□其宏敞□□□□□一邑之偉觀也。整興于弘治辛酉春三月之□，落成於壬戌冬□月。□望同籍諸君子□□□□□□□道公德之實，希大□述之善公……以請美之徒切□□□□而已，辭之再而請益力，遂次□其……廷，次其字，希大名洪公之賢□也。諸君昔同事之人，而興……云。

封丘……立石。

時正德八年歲次癸酉……

94-2. 重建義勇武安王廟碑記（碑陰）

立石年代：明正德八年（1513年）
原石尺寸：高214厘米，寬78厘米
石存地點：新鄉市封丘縣王村鄉廟崗村使君祠

〔碑額〕：題名

致仕：孫□加、張鸞、王蕭、張瓚、蔣能、翟深、樊隆、王江、趙鎮、李實、董臣、李臣、畢壽。舉人馮傑、趙富、鮑俊、田益、賈鳳、邊□、李本、萇江、□亮、王全、趙進、荊繪。舉人監生：韓□、劉縉、孟環、王邦彥、張一朋、華□。李禄、寇宗仁、□雲、劉興耕、朱綉。耆宿：封年、丁銳、于宗、仝玉。儒學生……：黄霖、韓鑒、孫節、高雲、謝德明、李夔、韓紀、姬□、石价、封學、姬宗周、孟邦元、王邦畿、劉霄、賈暘、賈至中、高士、何洲、孟賢、高雲漢、谷淮、趙世傑、李元經、姚訓、張志德、陳儒、劉約、馬轅、劉璉、孟宗孔、吳應元、劉璐、李□仁、段文明。方德隆、孫紹、張九經、賈經、范汝廉、柴經、王春、李行恕、方田、黄思章、謝德純、李喬年、王素、陳鑑、姚誠、賈至言、翟絃。耿麒、王經、田閏、馬馴、馬輅、程騰、劉章、趙勝、□臣、張鑾、劉富、萇洪、高雲祥、張時中、高鼎、劉儒、師昌延、丁仁。六房吏典……：郭正、張禄、邊正、趙珮、李奇、謝詔、朱儀、張宗儒、王儒、杜輅、李大經、武經、郝朗、杜廣、劉經、黄節、黄希周、孫汝州、田景福、程昇、萇昂、齊申、□□、萇□、宋巨、都芳、馬□、孫龍、靳章、方石、馬受、朱廷、王賓、張昂、李哲。舉人……：韓鰲、尚受、王洪、魏繁、蔡雷、李麟、尚□、陳載、□廣、□輔、馮□。僧道住持……縣社老人、闔邑士夫……：□懷、王廣經、田玄真、可隆、真輔、真浄、本義。□名、閆福、周磐、范滄、楊舉、樊洪、趙倫、萇宜、石惟志、李倫、趙仲臣、田富、劉廷、封鉞、王景元、劉敖、李璣、劉明、范廷玉、王臣、吕朋、何盤。□轍、劉孝、石晁、周連、□資、黄守吉、劉德、陳名、白澄、王高、李璋、高騰、崔廷玉、張恩、趙增、王昺、韓花、李振、陳秀、范溱、常用、張傑、班鉞、李緒。□紀、陳贊、石大器、齊瓚、周通、馮臣、馬景明、劉孟旭、姬志道、鄭端、李坪、姬表、齊敖、沈珉、吕奉、殷尚質、王漢、李富、張秀、□清、沈琴□、吕表、汪正、陳鳳。□温、劉學、韓春、馬輅、劉慶、賈善、寇聰、陳言、孫璽、劉振、劉輅、武鑑、吕澤、范正、朱會、王景、方恭奉、陳□、閆聰、韓秉昆、沈□、劉集、劉珣、李还。□知、李騰、薛朋、王時、汪佐、朱宦、張通、沈進、范表、陳愷、范雲、李佩、陳富、馮道、陳芳、范雷、□禄、封成、王虎、杜虎、吕鎧、吳孟春、馮其。□爾、張璽、萇亮、唐世隆、封善、李佩、劉廷佐、朱福、劉仲福、陳聰、周□、白洪、王端、陳表、孟金、范輅、封其、杜威、陳□、馮仁、波遷、陳己、陳法、韓川。劉江、方德新、劉播、范傑、李升、周鼎、馮德、石寧、劉表、楊表、李其、段文忠、田林、王繼文、范端、王表、范玘、許琪、李能、張更、陳□、陳□、梁銳。□美誠、徐福、李可、王聰、黄鐸、王進、曹相、劉舉、王剛、王福、秦秀、陳玉簡、陳祐、徐章、范雷、王言、張孜、張印、李輔、李有、□廷、徐偉、范定。張鉞、高礼、姬轅、薛奉先、陳秦、馬洵、翟友、陳善、王新、劉仲禄、張綺、田世楨、王鉞、王存在。捐貲建廟……士，劉海、邊澤、陳傑、魏正、王用、張欽、魏連、劉恭、夏方、吕進。張聰、曹愷、楊儀、王選、王鉞、楊傑、韓鉞、薛杲之、王雄、封奎。

暎雨亭記

時雨亭記

賜進士出身通議大夫都察院右副都御史巡撫河南地方錢塘陳珂撰

賜進士出身通議大夫河南等處承宣布政使司左布政使陽曲陳璘篆

賜進士出身嘉議大夫河南等處提刑按察司按察使任丘房瓚書

正德辛未冬十一月劇賊趙鐩等華黨數萬人自徐渡河東犯陳宋南侵汝宛西攻滎洛所過燬燼殆盡里閈

一空巡撫河南副都御史鄧公屢請

上遣都察院副都御史彭公督京遄軍往勦之明年春二月公至汴號令諸將士卒皆用命奮力進戰三月次蔡平夏五月完洛平臂從者釋而斬獲者不可勝紀惟首惡奔公移師江上合南北兵克卒進攻於狼山

而首惡就停秋九月班師

上

上

朝廷嘉其成功之速晉公

太子少保右都御史賚予隆渥皆殊典焉肯川快賊勞亦熾

上復命公總制六軍以行發酉秋已屬漢中亦平歲夏理師會三邊有急

上晉公太子太保右都御史而總制重寄仍屬之云珂承乏于汴初嘗見城南有生祠肖公像而鄉人藏時祀之顧瞻欲一空其成功之達晉公之餘乃知公之有功於汴人也深而汴人之不忘於公也篤即欲代石紀公之績以垂不朽而偬未遑也秋不雨則無麥無麥則無秋不是謂魚年水火未挺則我武維揚渠魁既殄六韞削平大盜且旌庵所觸甘

廟堂之憂下釋生靈之厄其典則公之名亭以時雨也固宜垂竹帛勤昌轟為

帝良霽霖雨天下則公之風神器度忠孝名檢丹青雲臺而醌耀信史也亦宜豈直雨一方一時而已伙公諱鐩字

此王者之師所以有取於時雨之義也今公以白面書生發靭科第乃能繅練六韞削平大盜且旌庵所臨甘

謂歇昔德公喜雨而麟經特書蘇公喜雨而岐山有記則公之

皇明正德九年甲戌冬十月己酉立石

幸庵其別號云

開封府知府賀瑄

通判張

教授令原斷

95. 禹王臺時雨亭記碑

立石年代：明正德九年（1514 年）
原石尺寸：高 210 厘米，寬 80 厘米
石存地點：開封市禹王臺

〔碑額〕：時雨亭記
時雨亭記

正德辛未冬十一月，劇賊趙鐩等率黨數萬人，自徐渡河，東犯陳宋，南侵汝宛，西攻滎洛，所過煨燼慘酷，里閈一空。巡撫河南副都御史鄧公屢請于上，上遴選都察院副都御史皋蘭彭公，督京邊軍往剿之。明年春二月，公至汴，號令諸將士卒皆用命，奮力進戰。三月汝蔡平，夏五月宛洛平，脅從者釋，而斬獲者不可勝紀。惟首惡南奔，公移師江上，合南北銳卒進攻於狼山，而首惡就俘，秋九月班師。朝廷嘉其成功之速，晋公太子少保、右都御史。賚予隆渥，皆殊典焉。時川陝賊勢亦熾，上復命公總制六軍以行，癸酉秋巴蜀、漢中亦平，是歲夏班師。會三邊有急，上晋公太子太保、左都御史，而總制重寄仍屬之云。珂承乏于汴初，嘗見城南有生祠，肖公像，而鄉人歲時祀之。顧瞻歆賞之餘，乃知公之有功於汴人也深，而汴人之不忘於公也篤。即欲伐石紀公之績，以垂不朽，而倥傯未遑也。未幾，辱公以所書時雨亭見寄珂，展玩之，因竊嘆曰：雨，天澤也；兵，天討也。兵之活民，猶雨之活物也。秋不雨，則無麥；夏不雨，則無禾。無麥無禾，是謂無年。水火未拯，則我武維揚；渠魁既殲，則馬牛休放。兵不可躁，亦不可窮，此王者之師所以有取於時雨之義也。今公以白面書生發軔科第，乃能諳練六韜，削平大盜，且旌麾所臨，甘雨輒應，枯槁蘇而年穀登，上紓廟堂之憂，下釋生靈之厄，其與來蘇見休之舉同一義也。《易》曰：師貞丈人吉无咎。《詩》曰：文武吉甫，萬邦爲憲。公之謂歟。昔僖公喜雨而麟經特書，蘇公喜雨而岐山有記。則公之名亭以時雨也，固宜垂竹帛，樂鼎彝，爲帝良弼，霖雨天下，則公之風神、器度、忠孝，名檢丹青雲臺而照耀信史也亦宜，豈直雨一方一時而已哉。公諱澤，字濟物，幸庵其別號云。

賜進士出身通議大夫都察院右副都御史巡撫河南地方錢塘陳珂撰，賜進士出身通奉大夫河南等處承宣布政使司左布政使陽曲陳璘篆，賜進士出身嘉議大夫河南等處提刑按察司按察使任丘房瑄書。

開封府知府賀銳，通判張皡，教授冷宗元刻。

皇明正德九年甲戌冬十月己酉立石。

96. 浚河砌橋記

立石年代：明正德十年（1515 年）
原石尺寸：高 107 厘米，寬 53 厘米
石存地點：焦作市沁陽市太行街道東義和村孔子廟

〔碑額〕：浚河砌橋之記

懷郡之西北地名"義合""官庄"，沁陽縣南北兩陽化凡五村，東西□各取一村之地。其地□□□衍□□，田之以畝計者三萬有奇。或遇夏秋，天雨連綿，輒被龍門□山口洪水衝刮之害。其□□合迤東，官庄迤西，中有古迹徹水河渠三道，緣歷久□過平淺構□□，致渠所□□，民□禾稼多被□没。來年□□不堪耕治，以致小民頓生逃□。至若道路□□，亦□□□……客旅，甚不便也。□年乙亥，官庄居民李振興以狀白於本府□□□……三河故道，乃蒙下令□河老人王敦、王增往□其事。□□其□□□……義合得專其意。遂集臨近五里縣人，不兩月之間開鑿周遍，仍於□□□……道□□□……在□以巨石甃砌□空石橋二□，以便人行。其高大堅固可保經久。工□□□……適值南□注山水泛□，□□藏□水□加，然□水有□泄下道□□□……復昔之昏墊之患矣。夫道路行人有□□□……矣。自兹□□□……逃□漸復，僉謀立石以紀其事之始末，王敦、王增、李振乃屬之□□□……人□□□……謹按□行公牒，是役□李振等倡首勇爲於前，王增又能□□□……其□□，其皆□可尚矣，□考□之治作□嘗以事理情勢□之。沁州之□□□……而身督□之，想亦不過分遣官屬，徑視其事耳，而地平天成之功皆歸焉，今我府尊老爹周察民疾苦，授以成等，俾增等奉行惟謹。不期日告厥成功，□□□……爲之抑洪□，雖有小大之別，然其精思選用，拯溺救民之心，异地則皆然也。若以□□□……無窮，豈徒□□碑不已而心欲勒石垂示不朽也。於是書之以告夫役，尚冀修葺□□□……記。

懷慶府陰陽學正術宋奎撰文。
大明正德十年歲次乙亥秋七月穀旦立石。

東陽舘重脩成湯廟記 賜進士出身致仕東昌府同知前翰林院脩撰文林經筵講官郡人何瑭撰文·

聖王之制祭禮也法施於民則祀之以勞定國則祀之能禦大災則祀之能

淫祀淫祀無福意世之淫祀何其多也廟宇極土木之業粧盡丹碧之美供獻無水陸之珍儀之

祀其可嘆者多矣楷諸典禮而不悖者其成湯之祀乎湯有商之聖王也代虐以寬備人紀崇林則

其享天下萬世之祀蓋無有不宜者矣河内治城之西三十里有村曰東陽舘舊有成湯廟攷碑記則

民春新秋報水旱疾疫之傳戈爲正歲阮久作嶺又大月正恚乙亥十二村鄉老人等會借無飾

97-1. 東陽館重修湯廟記（碑陽）

立石年代：明正德十年（1515 年）

原石尺寸：高 212 厘米，寬 92 厘米

石存地點：焦作市沁陽市柏香鎮鄭村汤帝廟

〔碑額〕：東陽館

東陽館重修成湯廟記

聖王之制祭禮也，法施於民則祀之，以勞定國則祀之，以死勤事則祀之，能禦大災則祀之，能捍□□□……淫祀。淫祀無福。噫！世之淫祀何其多也，廟宇極土木之崇，粧嚴盡丹碧之美，供獻兼水陸之珍，儀文□□□……祀其可嘆者多矣，稽諸典禮而不悖者，其成湯之祀乎？湯有商之聖王也，代虐以寬，肇修人紀，桑林□□□……其享天下萬世之祀，盖無有不宜者矣。河內治城之西三十里有村曰東陽館，舊有成湯廟，考碑記則□□□……民春祈秋報，水旱疾疫之禱咸奔走焉。歷歲既久，不無傾廢，大明正德乙亥十三村鄉老人等會於廟□□□……年以來雨暘時若，百穀用成□□□……神□也，而廟貌不嚴，春秋祭祀無所，□□□……捐□之□□□……理正□棟宇朽□□□……不同□□□……二□□□……

賜進士出身致仕東昌府同知前翰林院修撰兼經筵講官郡人何瑭撰文。

鄉□□□……鄭□□□……章□□□……李大□□□……

97-2. 東陽館重修湯廟記（碑陰）

立石年代：明正德十年（1515年）
原石尺寸：高212厘米，寬92厘米
石存地點：焦作市沁陽市柏香鎮鄭村汤帝廟

覆背村行廊三間：王閏、王信、王偉、王佩、吳英、王伸、柴森、柴奈、柴樂、李仁、李安、孫隆、李俊、齊宣、魏盈、張厚、王文、王維、劉□、張倣、王太、孫成、王隆、王得、王雷、邵玄、邵經、邵統、陳獻、席云、朱秀、齊穩、馬林、柴奎、王環、柴昶、王琦、宋守倫、揣道、張仲、柴義、張英、王幹、李琴、柴悦、柴圭、宋洗、王文清、宋友、宋厚、張進、柴和、李其。

西章城子村行廊三間：秦素、秦表、秦璠、王全、王福、王厦、何洗、何清、何洪、何惠、何端、王受、郭松、郭林、郭成、任温、任和、何得、何羨、何□、三澤、尹通、郭義、李□、焦惕、趙會、王其、王懷、馬珪、何□、何檢、何京、郭桓、任裕、秦隆、郭恭、秦奉、王堂、馬袷、尹松、丁悦、王成。

高村行廊二間：牛恭、牛增、牛廣、楊景、楊武、楊安、常□、常朗、常裕、常隆、畢成、畢甫、楊甫、楊真、楊萬、楊思、楊昇、楊□、楊魁、楊潤、王欽、牛會、趙深、趙鎰、楊洪、楊淮、衛法。

官莊果角三間：裴□、張倫、王□、王選、王魁、温□、温計□、張獻、王□、王温、王潘、王□、王法、□深。

司馬村行廊二間：李原、李椎、李山、李虎、李璋、谷和、李約、任名、李合、李栱、李寬、李鋭、李洪、李奈、李見、谷瑭、李深、李京、王賢、馬忠、翟□、谷文昇、翟政、張隆、李道、常原、李悦。

東西倪家作行廊一間：翟松、翟會、翟文、翟望、翟沛、翟良、趙坤、王相、秦其、秦朝、孫堂、翟得、翟義、翟友、翟隆、王□、秦成、秦雷、趙定、翟頂、李紀、李朗、翟曜、翟善、翟岱、翟厙、翟桳、翟法、翟師、翟雲、翟朝。

韓村行廊二間：張□儒、張孝、張宣、張璠、張從、張得、張良甫、張安、張表、攝禮、攝倫、張樸、張林、張隆、張□、攝道、張珮、張環、張瑀。

辛村行廊二間：趙景、趙濟□、趙定、趙遜、趙昆、趙盤、趙閏、趙潭、趙深、趙勳、趙蘭、趙海、趙靖、趙振、趙穩、趙瓚、趙洪、趙秉、趙杲、趙繼、趙頂、趙樂、趙洲、趙紀、耿潭、趙本和、王秀、趙素、趙腩、趙擴、趙曠、趙□、徐庚、趙種、趙簡、趙書、趙宣、趙□、王仕、趙子□、趙子陽、趙□、趙騰、趙子□、趙□、趙□、趙仲、趙□、趙□□、趙偉、趙乾、趙本途、趙經、趙威。

沙溝村行廊一間：李智、高瑾、陳翱、趙琰、李聰、李裕、張貴、趙恭、陳揔、李義、李甫、范英、范考、和旌、陳山、李合、李山、和廷裕、范壘、范禮、楊羡、聞□、□廷貴、和子皋、和彦能、范佐、陳表、和萬、李睿、張廷器、范劍、李太、范整、李恭、和從道、張廷爾、楊恍、張甫、范政、趙乾、楊守道、高虎、趙云、王闉、楊海、楊會。

宋莊村行廊二間：韓隆、崔名、崔通、楊高、李富、李鈅、劉羡、李洪、□莫、楊傑、李周、徐甫、徐英、師孝、李旺、馮隆、崔貴、李雄、李廣、楊夆、徐虎、李文、李□、鄧宣、馮會、王蘭、崔成、李佐、崔秀、崔嚴、崔廷會。

明（一）

257

史村行廓一間：杜政、陳釗、杜義、陳銚、吉貫、陳其、劉盟、□□、□泰、張隆、張大和、杜俊、張春、劉羑、陳聰、杜宣、陳洗、陳富、陳剛、劉剛、劉海、張振、劉恭、張鸞、陳景、杜寬、杜中、吉住、李森、杜仁。

郜家莊：董秀、董松、王振、郭蘭、王宣、栗聰。

□香鎮：沈忠、孫奈、黃其、張洗、陳魁、陳雄、尹剛、陳孜、李洪、陳善、和章、趙璧、李玄、趙立、和太、和聚、和平、黃能、韓銳、韓名、商傑、楊義、楊福、沈和、陳名、張禹、楊隆、張孜、和仲賢、楊魁、陳洪、楊名、商表、張住、李樸、張悦。

鄭村：尚恭、尚志、尚敦、馬惠、馬潤、尚□、馬玘、馬迪、馬表、馬景、馬通、岳義、馬通、岳義、尚□、尚榮、梁增、馬彥名、馬彥和、馬得、馬集、馬朋、馬法、馬嵩、陳恭、岳武、馬幹、馬世強、馬銳、馬倫、秦成田、秦本、馬孜、馬釗、馬任、馬高、馬珮、馬宗、馬還、尚璋、尚子絜、馬穗□、馬廷、馬璋、馬昂、孫虎、岳高、□名、宋□、王□、馬□、馬杲、馬甫、尚能、尚佑、尚良、尚住、魏森、岳秀、業成、秦廣、馬富、梁定、梁節、尚玘、尚子遷、尚增、尚子高、馬洗、李成、尚義。

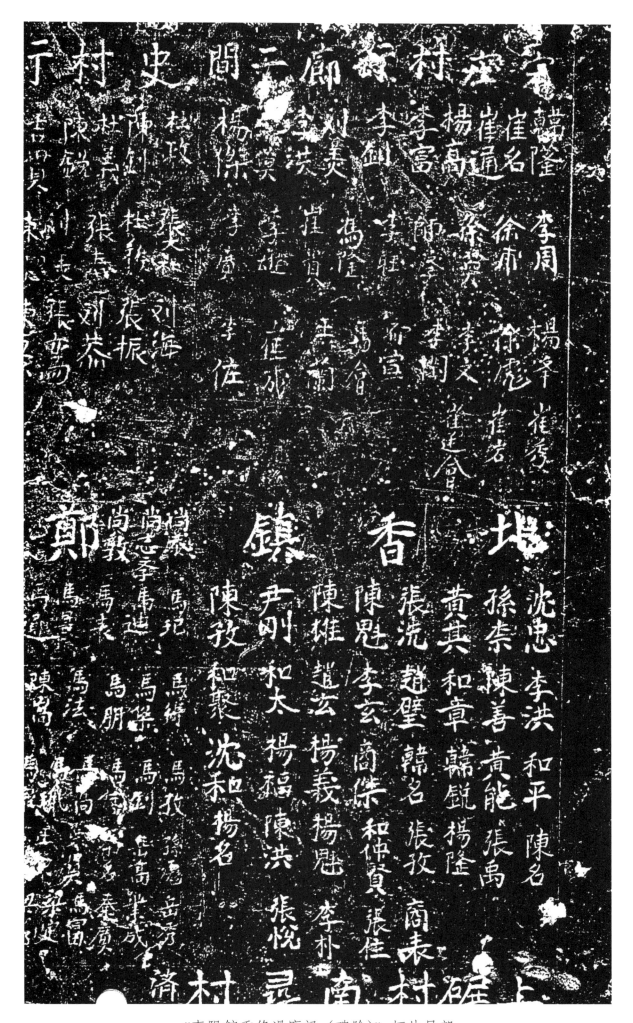

《東陽館重修湯廟記（碑陰）》拓片局部

重修碑記

大明太

久滴冰岩記

崇皇帝第七世孫邾國臨漳王中二府宗室抱元道人撰文

林古林應也西北有山名黄厓山咄接太行東至黄岩南至尾羊寨西至綠水

河紙回山内含大山岩日夜滴水不絶流入綫内以供住山僧人食用成化庚

寅人磁州和尚惟海起立庵居正德辛未僧人永晃重修觀音社師二殿神堂

尉煥然一新洪惟我

皇明大統之制凡佛堂僧庵遍天下有之者固所以廣勸菩

賴成人心於善端者也然寺庵修建於山林之僻者或有取於山之回巒曲岫

者林也必有取於水之沒環流遠之清雅是山冰形勝之可取者固不一其於人惟

必有水之清者草必蕃靚其群山屏向滴水琴鳴竝回有可觀可居者龍起山是

縣者也然磁州僧所以起立於前僧永晃以重修於後者亦非特為一身自適之勝

計心所以闡明乎佛教者於茲也是堂徒空居於此而已矣而不但心見於為遠

涼寧六於以上衣鉢真傳之秘於悠父廣衍所傳於無彊以世繼世凡後之居此庵者

彦者林必茂水之清者草必蕃

必有水之清者

豈不亦

時勝事畢將必永遠所居於此庵者

次戊寅季秋吉旦立石住持僧人永晃

岢大明正徳

金臺法主

列字僧可玉

畫丹僧澄重

98. 重修滴水岩碑記

立石年代：明正德十三年（1518 年）
原石尺寸：高 109 厘米，寬 61 厘米
石存地點：安陽市林州市任村鎮桑耳莊村滴水岩

〔碑額〕：重修碑記

重修滴水岩記

林□古林慮也。西北有山，名黃麻山，相接太行。東至黃岩，南至尾羊寨，西至綠水河，□抵回山，內含大山岩，日夜滴水不絕，流入泉內，以供住山僧人食用。成化庚寅，□人磁州和尚惟海起立庵居。正德辛未，僧人永昇重修觀音、祖師二殿神堂、廚倉，煥然一新。惟我皇明大□統之制，凡佛堂僧庵遍天下有之者，固所以廣勸善弘化理，俯就人生於善類，□成人心於善端者也。然寺庵修建於山林之僻者，或有取於山之回峰曲岫之奇疊，或有取於水之波環流邐之清雅，是山水形勝之可取者，固不一其狀。人之所以取於山水以奠厥攸居者，亦不一其術。若磁州僧人惟海建庵於此山，是必有□取於此山也。盖山之秀且深者，固可取也，水之清且便者，尤可取也。山之秀者林必茂，水之清者草必蕃。觀其群山屏向，滴水琴鳴，是固有可觀可舉之勝概者也。然磁州僧所以起立於前，僧永昇所以重修於後者，亦非特爲一身自適計也。所以闡明乎佛教者於茲也，所以潛修乎佛行者於茲也，所以明心見性，遠宗乎六□以上，衣缽真傳之秘者於茲也，是豈徒空居於此而已哉！亦不但爲一時之勝事耳，將必永建所居於悠久，廣衍所傳於無疆，以世継世，凡後之居此庵者，豈不亦有能聞而知之於不既者乎！

金臺法主，住持僧人永昇。書丹僧澄璽，刊字僧可玉。

大明太祖高皇帝第七世孫趙國臨漳王中二府宗室抱元道人撰文，趙國湯陰王南三府輔國將軍中天道人。

時大明正德歲次戊寅季秋吉旦立石。

明（一）

261

99-1. 懷慶府創建沁河浮橋記（碑額）

立石年代：明嘉靖元年（1522 年）

原石尺寸：高 118 厘米，寬 107 厘米

石存地點：焦作市沁陽市懷慶街道水北關村關帝廟

懷慶府創建沁河浮橋記

明（一）

賜進士光祿大夫太子太保戶部尚書
賜武英殿大學士知制誥經筵事同知國
賜進士資善大夫都察院右都御史奉勅巡撫寧夏總
朝廷之典在朝廷

懷慶府創建沁河浮橋記

夫有事于天下者功之梯而有功于天下者賞之基君子非好功以從事要賞以立功也蓋自桂石大臣以至

進士中順大夫都察院右僉都御史奉勅巡撫寧夏總稅書

少保兼太子太保國事戶部尚書

廣濟故所費所勞莫非屬邑之財力而又男女裸渡非俗所宜狂瀾之近重復以坊埤鎮靜以望樓周悉以篙

正德庚辰秋懷慶太守是已賞其勞也方下車初即知民所願欲不可得者力舉行之迺於辛之迺於民

故為橋以通列省經行者每過秋夏水發之時則願出地畝錢共若干緡此蓋度地勢順水性因民之錢

石楚兩岸高若干尺闊若干步以造大船之而稱之而後告成也甚惟經于嘉靖改元壬午春正月完于本年夏五月雖謂其

趨其議而名馬遂市材鳩工造大船之而稱之而後告成也甚惟經于嘉靖改元壬午春正月完于本年夏五月雖謂其

三僚友而專董其事多方區畫者韓君其誰與哉曰弦橋也自我

國朝以來屢修屢廢君獨始克創建馬無乃有數存耶是不然蓋天下無難為之事顧在人立

政也苟吏於此視黃堂為傳舍而漫不加意則財力可省風俗可變而經行緩急

功也苟吏於此視黃堂為傳舍而漫不加意則財力可省風俗可變而經行緩急

是急其關保豈淺淺哉此所以事可集功可就財力可省風俗可變而經行緩急

太保公之風則亦當漸進以尚書之階非過賞也誠肇筆於此也君其少俟之哉

恩加獨擅而永久之不垂也素與賓菴公有同

殿之雅且喜今子太守知重不遠千里而求馬故詳記其事功可述于先望其樓

大明嘉靖元年秋九月十六日

何如耳昔宋樊若水渡江是守者能心韓之心於損壞則

嗣是守者能心韓之心於損壞則

無不可淹留之患矣所謂有

靈橋亦可矣謂其橋

歲計夏秋之弊若

日擊之弊若

懷慶府知府洪洞

99-2. 懷慶府創建沁河浮橋記（碑陽）

立石年代：明嘉靖元年（1522 年）
原石尺寸：高 245 厘米，寬 102 厘米
石存地點：焦作市沁陽市懷慶街道水北關村關帝廟

懷慶府創建沁河浮橋記

夫有事于天下者，功之梯；而有功于天下者，賞之基。君子非好功以從事，要賞以立功也。
蓋自柱石大臣以至於……當爲，有弗容已者耳。若夫事成而論功行賞則自有朝廷之典在，曷嘗容
心于其間哉！彼山右洪洞宦族韓君秀夫，由壬戌進士歷兩京兵、刑郎署，嘗爲權奸所擠，謫補……
正德庚辰秋，榮陞懷慶太守，是已賞其勞也。方下車初，即察民所願，欲不可得者力舉行之。乃
於辛巳歲首……廣濟故道，而使支流以灌四縣之田，凡蒙其惠者願出地畝錢共若干緡。此蓋度地
勢順水性、因民……木爲橋以通列省，經行者每遇秋夏水發之時，則狂瀾既倒而橋無矻然之砥柱，
能保其不漂蕩……故所費所勞，莫非屬邑之財力，而又男女裸渡，非俗所宜，獨不可惜而禁止乎？
於是以地畝之錢□□□目擊之弊，爲……趯其議而允焉。遂市材鳩工，造大船若干隻，挨布河中，
隨水上下。遇泛漲暫徹數隻，俟殺則復□□□。蓋歲計夏秋之……石甃兩岸高若干尺、闊若干步，
以稱之而岸之近里，復壯觀以坊牌，鎮靜以望楼，周悉以篙纜，□□扁額之名，看守……待期月
之久而后告成也哉！惟經始于嘉靖改元壬午春正月，苟完于本年夏五月，雖謂其□□靈橋亦可矣，
謂其橋……三僚友而專董其事，多方區畫者，舍韓君其誰與？或曰兹橋也，自我國朝以來屢修屢
廢，君獨始克創建焉，無乃有數存耶？是不然，蓋天下無難爲之事，顧在人立□何如耳。昔宋樊
若水渡江……功也。苟吏於此若視黃堂爲傳舍，而漫不加意，則橋之修廢猶昔也。今以勞費不常
之□忽焉而爲一勞永逸，暫費永……政是急，其關系豈淺淺哉！此所以事可集、功可就、財力可省、
風俗可變，而經行緩急者無不可免淹留之患矣。所謂有……筮仕累今官，一皆清慎公勤、見義勇爲，
有乃尊質庵尚書新恩加太保公之風，則亦當漸進以尚書之階，非過賞也，誠肇於此也。君其少俟
之哉！後□嗣是守者能心韓之心，於損壞則……獨擅而永久之不垂也耶？愚也素與質庵公有同殿
之雅，且喜令子太守知重，不遠千里而求焉，故詳記其事，功可述于先，望其擴□功大賞于後云，
尚當執筆以俟。

賜進士、光祿大夫、柱國、少保兼太子太保、户部尚書……

武英殿大學士、知制誥、同知經筵事、國史總裁……

賜進士、資善大夫、工部尚書、前都察院右都御史、總督漕……

賜進士、中順大夫、都察院右僉都御史、奉敕巡撫寧夏等處地……

大明嘉靖元年秋九月二十六日懷慶府知府洪洞……

100. 靈寶西路井渠碑

立石年代：明嘉靖二年（1523 年）
原石尺寸：高 101 厘米，寬 50 厘米
石存地點：三門峽市靈寶市大王鎮西路井村

　　河南府陝州靈寶縣爲水利事，據本縣神窩里李武告，保前有武食用下磑里水渠壹道，先年山水閉塞，今欲要疏通，恐心未齊，看得本村張松和、李异平素公直，堪充渠司。如蒙准理，乞賜下帖。庶爲未便等因，准此擬合就外合行帖，仰保役照帖文内事，即便督領有地甲夫，上緊挑修寬深，務使水通流，毋致阻滯。如有不服之人，呈來以憑究治，施行須至帖者。
　　計開甲頭：李宗孝、張進、李大、張瑞。右帖下渠司：張松和、李异，准此。
　　共字肆佰捌拾。帖一上。
　　嘉靖貳年柒月十四日。

明（一）